高职高专艺术设计专业系列教材

FLASH CS6
WANGYE DONGHUA SHIYONG JIAOCHENG

Flash cs6
网页动画实用教程

主 编 杨 柳 凡 鸿

副主编 汪 浩 李帅帅

U0190908

重庆大学出版社

图书在版编目（CIP）数据

Flash CS6网页动画实用教程／杨柳,凡鸿主编. —重庆：重庆大学出版社，2016.8（2021.8重印）
高职高专艺术设计专业系列教材
ISBN 978-7-5624-9776-9

Ⅰ.①F… Ⅱ.①杨… Ⅲ.①动画制作软件—高等职业教育—教材 Ⅳ.①TP391.41

中国版本图书馆CIP数据核字（2016）第175874号

高职高专艺术设计专业系列教材

Flash CS6 网页动画实用教程
FLASH CS6 WANGYE DONGHUA
SHIYONG JIAOCHENG

主　编：杨　柳　凡　鸿
副主编：汪　浩　李帅帅
策划编辑：蹇　佳　席远航　张菱芷
责任编辑：陈　力　　版式设计：原豆设计
责任校对：关德强　　责任印制：赵　晟

重庆大学出版社出版发行
出版人：饶帮华
社址：重庆市沙坪坝区大学城西路21号
邮编：401331
电话：（023）88617190　88617185（中小学）
传真：（023）88617186　88617166
网址：http：//www.cqup.com.cn
邮箱：fxk@cqup.com.cn（营销中心）
全国新华书店经销
重庆巍承印务有限公司印刷

开本：787mm×1092mm　印张：9.5　字数：287千
2016年8月第1版　　2021年8月第2次印刷
ISBN 978-7-5624-9776-9　定价：48.00元

序

　　我国人口 13 亿之巨，如何提高人口素质，把巨大的人口压力转变成人力资源的优势，是建设资源节约型、环境友好型社会，实现经济发展方式转变的关键。高职教育承担着为各行各业培养输送与行业岗位相适应的，高技能人才的重任。大力发展职业教育有利于改善经济结构，有利于经济增长方式的转变，是实施"科教兴国，人才强国"战略的有效手段，是推进新型工业化进程的客观需要，是我国在经济全球化条件下日益激烈的综合国力竞争中得以制胜的必要保障。

　　高等职业教育艺术设计教育的教学模式满足了工业化时代的人才需求；专业的设置、衍生及细分是应对信息时代的改革措施。然而，在中国经济飞速发展的过程中，中国的艺术设计教育却一直在被动地跟进。未来的学习，将更加个性化、自主化，因为吸收知识的渠道遍布在每个角落；未来的学校，将更加注重引导和服务，因为学生真正需要的是目标的树立与素质的提升。在探索过程中，如何提出一套具有前瞻性、系统性、创新性、具体性的课程改革方法将成为值得研究的话题。

　　进入 21 世纪的第二个十年，基于云技术和物联网的大数据时代已经深刻而鲜活地展现在我们面前。当前的艺术设计教育体系将被重新建构，同时也被赋予新的生机。本套教材集合了一大批具有丰富市场实践经验的高校艺术设计教师作为编写团队。在充分研究设计发展历史和设计教育、设计产业、市场趋势的基础上，不断梳理、研讨、明确了当下高职教育和艺术设计教育的本质与使命。

　　曾几何时，我们在千头万绪的高职教育实践活动中寻觅，在浩如烟海的教育文献中求索，矢志找到破解高职毕业设计教学难题的钥匙。功夫不负有心人，我们的视界最终聚合在三个问题上：一是高职教育的现代化。高职教育从自身的特点出发，需要在教育观念、教育体制、教育内容、教育方法、教育评价等方面不断进行改革和创新，才能与中国社会现代化同步发展；二是创意产业的发展和高职艺术教育的创新。创意产业作为文化、科技和经济深度融合的产物，凭借其独特的产业价值取向、广泛的覆盖领域和快速的成长方式，被公认为 21 世纪全球最有前途的产业之一。从创意产业发展的视野，谋划高职艺术设计和传媒类专业教育改革和发展，才能实现跨越式的发展；三是对高等职业教育本质的审思，即从"高等""职业""教育"三个关键词，高等职业教育必须为学生的职业岗位能力和终身发展奠基，必须促进学生职业能力的养成。

　　在这个以科技进步、人才为支撑的竞争激烈的新时代，实现孜孜以求的综合国力强盛不衰、中华民族的伟大复兴，科教兴国，人才强国，赋予了职业教育任重而道远的神圣使命。艺术设计类专业在用镜头和画面、用线条和色彩、用刻刀与笔触、用创意和灵感，点燃了创作的火花，在创新与传承中诠释着职业教育的魅力。

重庆工商职业学院传媒艺术学院副院长

教育部高职艺术设计教学指导委员会委员

徐　江

前　言

　　Flash CS6 是著名影像处理软件公司 Adobe 最新推出的网页动画制作工具。由于 Flash 所创作的网页矢量动画具有图像质量好、下载速度快和兼容性好等特点，因此它现在已被业界普遍接受，其文件格式已成为网页矢量动画文件的格式标准。和过去的版本相比，Flash CS6 更加确定了 Flash 的多功能网络媒体开发工具的地位。

　　本书为适应现代职业教育要求，注重实践能力与就业能力的培养，以任务为驱动的"项目教程"的方式由一线高职院校教师编写。

　　本书共分为 10 个项目，每个项目重点介绍一个任务项目，并配有相应的实例操作案例。内容包括：任务 1 走进 Flash；任务 2 矢量图的绘制与编辑；任务 3 文本的编辑；任务 4 逐帧动画；任务 5 补间动画；任务 6 特效动画；任务 7 位图、声音与视频；任务 8 动作；任务 9 交互式动画；任务 10 组件与行为。

　　本书特色主要为如下内容。

　　①满足教学需要。本书使用最新的以任务为驱动的项目式教学方式，将每个项目分解为多个任务，每个任务均包含"预备知识"和"任务实施"。预备知识主要讲解软件的基本知识与核心功能。任务实施则主要通过工作中实用且具有代表性的案例来展示软件的应用。学生可根据书中讲解，自己动手完成相关案例。

　　②满足就业需要。因每个项目的选取都是通过精心的挑选，从而让学生在完成某个任务后能举一反三，并能马上在实践中应用从该任务中学到的技能。

　　③增强学生的学习兴趣，让学生能轻松学习。严格控制各任务的难易程度和篇幅，对预备知识部分讲求"学以致用，够用为主"的原则。

　　④提供光盘，内附素材和案例效果。

　　本书可作为中、高等职业技术院校和应用型本科院校，以及各类软件教育培训机构的专用教材，也可供广大计算机爱好者自学使用。

　　本书由武昌职业学院的杨柳主编。参与本书编写的还有武昌职业学院的李帅帅、陈滋爱等。本书的编写和出版得到了很多老师和朋友的大力支持，值此图书出版发行之际，向他们表示衷心的感谢。同时，也深深感谢支持和关心本书出版的所有朋友。因能力所限及时间仓促，书中疏漏之处在所难免，欢迎读者批评指正。

编者

2016 年 4 月

目 录

走进 Flash

本任务课时数：4 课时
由两个任务组成

1 初识 Flash

学习目标：
　（1）需掌握 Flash 动画基础知识
　（2）了解 Flash 动画的产生及构成要素
　（3）认识帧动画和矢量动画
　（4）熟悉 Flash 的应用领域

2 快速熟悉 Flash CS6

学习目标：
　（1）熟悉 Flash CS6 操作主界面
　（2）掌握 Flash CS6 的文件操作
　（3）Flash 动画制作入门

初识 Flash

1.1.1 认识体验 Flash 动画——"喜羊羊"片段

（a）　　　　　　　　　　　　　　　　　　　（b）

图1-1　动画片《喜羊羊与灰太狼》片段

看完动画短片后想一想动画片是怎么构成的？有哪些要素？

1.1.2 Flash 动画基础知识

1）Flash 动画的产生及构成要素

Flash 可以制作令人目眩的动画。Flash 动画起初是专为网站设计的交互式矢量图形动画，后来该软件的发展大大出乎设计者的意料之外——应用范围已经涉及网页制作、广告设计、网络多媒体MTV的制作、网络多媒体课件的制作……

Flash 动画是由简洁的矢量图形组成，文件小，下载速度快，而且动画的大小可以随用户在播放屏幕上任意调整。

如今，Flash 不仅可以设计制作网页，而且可以生成多媒体的图形和界面，以使文件的体积小、效果佳，从而逐渐成为交互式矢量动画的标准以及网络多媒体的开发软件。

Flash 动画具有下述特点。

①矢量动画。Flash 属于二维矢量动画，所创建的元素是用矢量来描述的，不仅文件占用空间小，而且任意缩放尺寸都不会影响图形的质量。

②动画短小。Flash 动画通常比较短小，但借助于画面和情节上的夸张起伏，可以在较短时间内传达较为丰富的内容。

③交互性强。Flash 动画的强交互性优势是传统动画所无法比拟的。用户可以通过诸如单击鼠标等操作来决定动画的运行轨迹。

④传播广泛。Flash 动画采用流式技术播放，传输速度快，可以边下载边播放，具有广泛的传播性。

Flash 动画主要由场景、时间轴和库三大部分构成。如果将一部制作完成的 Flash 动画比作一场舞台剧的话，场景是舞台、库是幕后后台、时间轴是演出时间。

2）逐帧动画和矢量动画

逐帧动画是一帧一帧画上的，矢量动画是只制作头尾两帧，中间则是由计算机自动生成的。在 Flash 中既可以做逐帧动画也可以完成矢量动画的制作。矢量动画大大减少了制作动画的时间，提高了效率。

1.1.3　Flash 作品欣赏——Flash 的应用领域

目前，Flash 被广泛应用于网页设计、网页广告、网络动画、多媒体教学课件、游戏设计等领域。

1）网页设计

为达到一定的视觉冲击力，很多企业网站往往在进入主页前播放一段使用 Flash 制作的欢迎页（也称引导页）；此外，很多网站的 Logo（站标、网站的标志）和 Banner（网页横幅广告）都是 Flash 动画，如图 1-2 所示。

当需要制作一些交互功能较强的网站时，例如制作某些调查类网站，可以使用 Flash 制作整个网站，这样互动性更强。

2）网页广告

因为传输的关系，网页上的广告需要具有短小精干、表现力强的特点，而 Flash 动画正好可以满足这些要求。现在打开任何一个网站的网页，都会发现一些动感时尚的 Flash 网页广告，如图 1-3 所示。

图 1-2　运用 Flash 制作网页设计　　　　图 1-3　Flash 网页广告

3）网络动画

许多网友都喜欢将自己制作的 Flash 音乐动画，Flash 电影动画传输到网上供其他网友欣赏，实际上正是因为这些网络动画的流行使 Flash 在网上已经形成了一种文化，如图 1-4 所示。

（a）爆笑中国人搞笑 Flash 动画短片　　（b）搞笑 Flash 动画——大牌的裸照　　（c）搞笑 flash 动画——优秀员工

图 1-4　Flash 网络动画

4）多媒体教学课件

相对于其他软件制作的课件，Flash 课件具有体积小、表现力强的特点。在制作实验演示或多媒体教学光盘时，Flash 动画得到了大量运用，如图 1-5 所示。

图 1-5　Flash 多媒体教学课件

5）游戏设计

使用 Flash 的动作脚本功能可以制作一些有趣的在线小游戏，如看图识字游戏、贪吃蛇游戏、棋牌类游戏等。因为 Flash 游戏具有体积小的优点，一些手机厂商已在手机中嵌入 Flash 游戏，如图 1-6 所示。

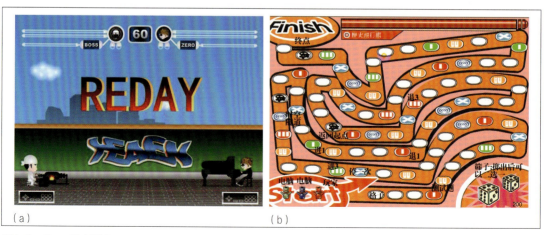

图 1-6　Flash 游戏设计

快速熟悉 Flash CS6

1）Flash CS6 的主要功能

下面介绍 Flash CS6 的一些主要功能。

①动效编辑。用时间轴和动画编辑器来创建补间动效，用反向运动工具来开发自然、流畅的角色关节动画。直接将动画赋予元件而不依赖于关键帧，用曲线工具控制动效和独立动画属性。

②与开发套装整合。与 Adobe Flash Builder 4.6 紧密结合，可将位图往返编辑于 Adobe Photoshop CS6。

③装饰画笔。装饰画笔配备了高级动画特效，可绘制云、雨等动态粒子效果，可用多个对象绘制风格化的线条或图案。

④滤镜、混合特效。可给文本、按钮、影片剪辑增加各种视觉效果，以增强动画的感染力。

⑤导出 PNG 序列文件。使用此功能可以生成图像文件，在库中或舞台上选择单个影片剪辑、按钮或图形元件并右击，在弹出的快捷菜单中选择"导出 PNG 序列文件"命令，可以导出 PNG 序列文件。

⑥三维变换。通过三维平移和旋转工具，可沿 x、y、z 轴赋予平面元件三维动画效果。

⑦骨骼工具。具有弹簧属性的骨骼工具将缓动和弹性带入了骨骼系统，通过强大的反向动力关节引擎可制作出栩栩如生的真实动作。

⑧视频集成。可轻松地将视频植入任务中，并可使用内置 Adobe 媒体转换器转成各种视频格式；借助可视化视频编辑器，可大幅简化视频嵌入和编码过程，可直接在场景上操作 FLV 视频控制条。

2）新增功能

与之前的软件版本相比，Flash CS6 新增了下述功能。

①生成 Sprite 表单。导出元件和动画序列，以快速生成 Sprite 表单，协助改善游戏体验、工作流程和性能。

②HTML 发布支持。基于 Flash Professional 动画和绘图工具，利用新的扩展功能（单独提供）创建交互式 HTML 内容，导出 JavaScript 来针对 Create JS 开源架构进行开发。

③可支持多种平台和设备。支持最新的 Adobe Flash Player 和 AIR 运行，另外用户能针对 Android 和 iOS 平台进行设计。

④创建预先封装的 Adobe AIR 应用程序。使用预先封装的 Adobe AIR captive，运行时可创建和发布应用程序。同时，简化了应用程序的测试流程，终端用户无需额外下载即可运行动画内容。

⑤Adobe AIR 移动设备模拟。模拟屏幕方向、触控手势和加速计等常用的移动设备应用互动来加速测试流程。

⑥锁定 3D 场景。使用直接模式作用于针对硬件加速 2D 内容的开源 Starling Framework，从而增强渲染效果。

3）Flash CS6 的系统配置要求

①处理器。Intel Pentium 4 或 AMD Athlon 64。

②Windows 操作系统。Microsoft Windows XP（带有 Service Pack 3）或 Microsoft Windows 7。

③内存。2GB 以上。

④硬盘。3.5GB 以上可用硬盘空间。

⑤显示器。1024×768 显示器（推荐 1280×800）。

另外，要实现 Flash CS6 的多媒体功能，还需要用到 Quick Time 7.6.6 软件。

1.2.1　Flash　CS6 操作主界面

Flash CS6 的工作界面如下所述。

安装并启动 Flash CS6 后，首先进入的是初始界面，如图 1-7 所示。如果需要新建一个文件，可以在"新建"栏中选择，也可以选择"从模板创建"，从模板中创建 Flash 文件。

图 1-7　Flash CS6 初始界面

选择初始界面中"新建"栏下的 Action Script 3.0 选项，新建一个 Flash 文件，进入工作界面。该界面包括菜单栏、主工具栏、工具箱、时间轴、舞台、面板组等，如图 1-8 所示。

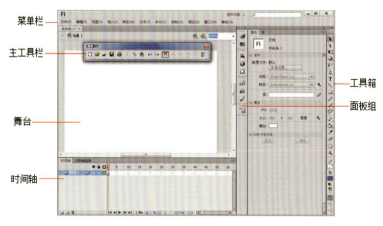

图 1-8　Flash CS6 工作界面

会清除文件中的所有导引线。若是在编辑组件模式中，则只会清除用在组件中的导引线。

（2）设定导引线偏好

①选取"检视"→"引线"→"编辑导引线"，然后执行下述任一步骤。

a. 若要设定颜色，请单击颜色方块中的三角形，然后从面板中选取导引线颜色。预设的导引线颜色为绿色。

b. 若要显示或隐藏导引线，请选取或取消选取"显示导引线"。

c. 若要开启或关闭贴齐导引线功能，请选取或取消选取"网格线对齐"。

d. 选取或取消选取"锁定导引线"。

e. 若要设定"贴齐精确度"，请从弹出式菜单中选取选项。

f. 若要移除所有导引线，请单击"全部清除"。"清除全部"可以移除目前场景中的所有导引线。

g. 若要将目前设定储存为默认值，请单击"储存预设"。

②单击"确定"按钮。

7）使用网格线

网格线会在所有场景中，以图案后面的一组线条显示于文件。

显示或隐藏绘图网格线 ❖

①选取"检视"→"网格线"→"显示网格线"。

②按下 Control + '（单引号）（Windows），或是 Command + '（单引号）（Macintosh）。

开启或关闭网格线对齐功能

选取"检视"→"贴齐"→"网格线对齐"。

8）设定网格线偏好

①设定 1。选取"检视"→"网格线"→"编辑网格线"，然后选取所需的选项。

②若要将目前设定储存为默认值，请单击"储存预设"。

1.2.2　Flash　CS6 的文件操作

Flash CS6 动画制作的一般过程如下所述。

Flash 动画制作的一般过程包括创建 Flash 文档、设置文档属性、保存文档、制作动画以及测试与发布影片。

1）创建 Flash 文档

选择"文件"→"新建"命令（或按快捷键"Ctrl+N"），弹出"新建文档"对话框，在"常规"选项卡中选择 Action Script 3.0 选项，并在右侧对文档的尺寸、背景颜色、标尺单位和帧频属性进行设置，如图 1-12 所示，然后单击"确定"按钮，打开如图 1-9 所示 Flash CS6 工作界面，在其中即可进行 Flash 动画的设计与制作。

2）保存文档

为了避免出现意外时丢失文档，在文档属性设置完毕后一定要及时保存文档。保存文档的具体操作步骤为：选择菜单中的"文件"→"保存"命令（或按快捷键"Ctrl+S"），在弹出的如图 1-13 所示的对话框中选择要保存文档的文件夹，在"文件名"文本框中输入文件名称，保存类型设为"Flash CS6 文档（*.fla）"，然后单击"保存"按钮即可。在后面的动画制作过程中，通过单击主工具栏中 ❒（保存）按钮，可对工作内容进行随时保存。

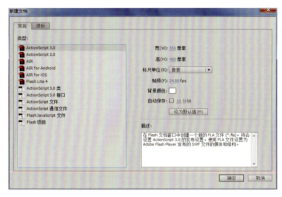

图 1-12 "新建文档"对话框　　　　　　　　　　图 1-13 "另存为"对话框

3）打开文档

后缀为 .fla 的 Flash 文件称为源文件，用户可以打开源文件对其进行修改。打开文档的具体操作步骤为：选择菜单中的"文件"→"打开"命令（或按快捷键"Ctrl+O"），在弹出的"打开"对话框中选择要打开文件的位置和文件名称，如图 1-14 所示，单击"打开"按钮，或直接双击文件，即可打开选择的动画文件。

4）导出 Flash 动画

动画制作过程中需要反复测试，查看动画效果是否与预期效果相同。选择"控制"→"测试影片"→"测试"命令或按"Ctrl+Enter"快捷键，可把当前文档以后缀名 .swf 导出并打开影片测试窗口。

图 1-15 "导出"命令

对测试效果满意后，就可以导出影片了。通过导出动画操作，可以创建能在其他应用程序中进行编辑的内容，并将影片直接导出为特定的格式。在一般情况下，导出操作是通过菜单中的"文件"→"导出"中的"导出图像""导出所选内容"和"导出影片"3 个命令来实现的，如图 1-15 所示。下面主要讲解"导出图像"和"导出影片"两种导出方式。

"导出图像"命令可将当前帧的内容或当前所选的图像导出为静止的图像格式或单帧动画。选择菜单中的"文件"→"导出"→"导出图像"命令，弹出"导出图像"对话框，在"保存类型"下拉列表中可以选择多种图像文件格式，如图 1-16 所示。设置完毕导出图像格式和文件位置后，单击"保存"按钮，即可将图像文件保存到指定位置。

图 1-14 "打开"对话框　　　　　　　　　　图 1-16 "导出图像"对话框

"导出影片"命令可以将制作好的 Flash 文件导出为 Flash 动画或者是静帧的图像序列，还可以将动画中的声音导出为 WAV 文件。选择菜单中的"文件"→"导出"→"导出影片"命令，在弹出的"导出影片"对话框的"保存类型"下拉列表中包括多种影片文件的格式，如图 1-17 所示。设置完毕后，单击"保存"按钮，即可将影片文件保存到指定位置。

导出格式一般选择"SWF 影片（*.swf）"。SWF 是 Flash 的专用格式，是一种支持矢量和点阵图形的动画文件格式，在网页设计、动画制作等领域应用广泛。SWF 文件通常也被称为 Flash 文件，这种格式可以播放所有在编辑时设置的动画效果和交互效果，而且容量小。此外，发布 SWF 文件时，还可以对其设置保护。

图 1-17　"导出影片"对话框

1.2.3　Flash 动画制作入门

跳动、滚动变色的小球（含 3 种基本动画形式）如下所述。

（1）跳动小球（逐帧动画）

打开软件，新建文件。在工具箱中找到椭圆工具，如图 1-18 所示。

填充颜色选择红色球状。如图 1-19 所示。

在场景中画出红色的小球。如图 1-20 所示。

在第 5 帧插入关键帧，用移动工具移动小球位置，如图 1-21 所示。

在第 10 帧插入关键帧，重复上一步，如图 1-22 所示。

按回车键，跳动的小球就完成了。

图 1-18　使用"椭圆工具"

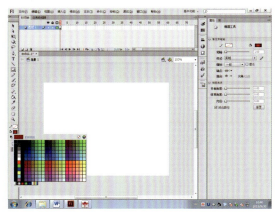

图 1-19　填充颜色

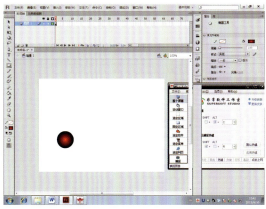

图 1-20　画出红色小球

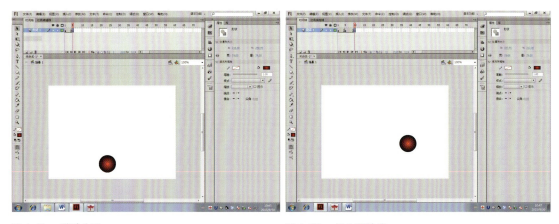

图 1-21　移动位置　　　　　　　　　　　　　图 1-22　插入关键帧

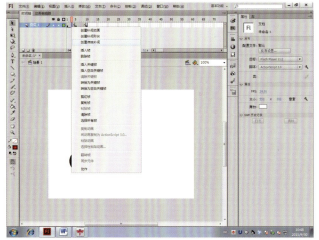

图 1-23

（2）滚动的小球（传统补间动画）

在第 1 帧和第 5 帧，第 5 帧和第 10 帧之间单击鼠标右键创建传统补间。连续不断滚动的小球就完成了，如图 1-23、图 1-24、图 1-25 所示。

图 1-24

按回车键，连续不断滚动的小球就完成了。

（3）变色的小球（补间形状动画）

按 "Ctrl+z" 快捷键撤回到跳动的小球，如图 1-26 所示。在第 5 帧、第 10 帧的关键帧上修改小球的颜色和形状，如图 1-27、图 1-28、图 1-29 所示。

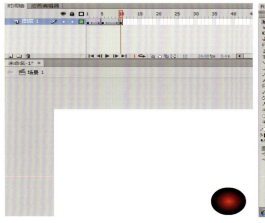

图 1-25

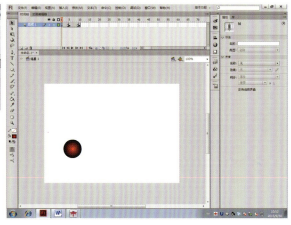

图 1-26　撤回跳动的小球

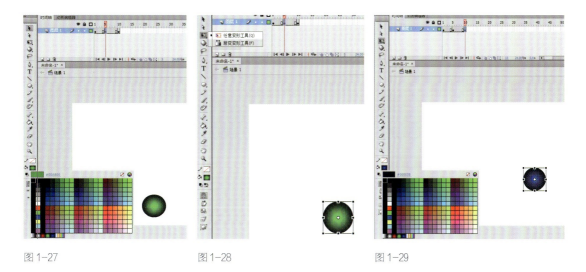

图 1-27　　　　　　　　　　　图 1-28　　　　　　　　　　　图 1-29

在两关键帧中间创建补间形状动画，如图 1-30 和图 1-31 所示。

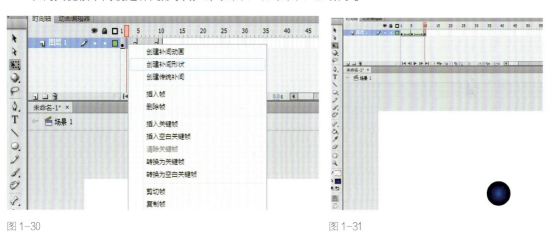

图 1-30　　　　　　　　　　　　　　　　　　　　　图 1-31

按回车键，变色变形的小球就完成了。

2.

矢量图的绘制与编辑

本任务课时数：8 课时
由四个任务组成

1 知识点讲解
学习目标：
（1）掌握 FLASH 绘制模式
（2）熟悉工具箱里工具的使用

2 标志设计
学习目标：
（1）由案例效果能分析得出设计思路
（2）熟知完成本任务所需的相关知识和技能点
（3）能独立完成标志设计

3 卡通造型设计
学习目标：
（1）由案例效果能分析得出设计思路
（2）熟知完成本任务所需的相关知识和技能点
（3）能独立完成卡通造型设计

4 动漫场景
学习目标：
（1）由案例效果能分析得出设计思路
（2）熟知完成本任务所需的相关知识和技能点
（3）能独立完成动漫场景的绘制
（4）掌握素材的获取方法

知识点讲解

2.1.1　Flash 绘图模式

在工具箱中选择钢笔、线条、矩形、椭圆、铅笔和画笔等工具时，在工具箱下方的"选项"区域则会显示如图 2-1 所示的"对象绘制"图标。

在默认状态下，该选项处于未激活状态，这时绘制的各个图形对象会互相影响，自动合并，因此这种模式称为合并模式；如果选中这个选项，就会进入对象模式，每次使用这些绘图工具绘制的图形，都会成为一个独立的对象，各对象之间不会互相影响。

合并模式的特点是同色图形互相融合，不同色图形产生切割。若将图 2-2 中的两个同色图形重叠，两个图形就会融合在一起，如图 2-3 所示。若将图 2-4 中的两个不同色图形重叠，就会产生切割现象，如图 2-5 所示。

图 2-1　"对象绘制"图标

图 2-2　两个同色图形

图 2-3　同色图形相融合

图 2-4　两个不同色图形

图 2-5　不同色图形产生切割

对象模式的特点是绘制的各图形互不影响，便于设置排列和对齐方式。如图 2-6 所示，用对象模式绘制的两个图形处于重叠状态，这时若移走椭圆，得到的效果如图 2-7 所示，可以看出两个图形互不影响。

图 2-6　"对象模式"绘制的两个图形

图 2-7　两个图形互不影响

采用对象模式绘制的图形，若要更改其对象上下层的排列顺序，只需选中对象，在"修改"→"排列"菜单中选择一种方式即可，如图 2-8 所示。

如选中图 2-6 所示的椭圆，选择"修改"→"排列"→"下移一层"命令，就会得到如图 2-9 所示的效果，即椭圆下移到矩形的下面。

图 2-8　"排列"级联菜单

图 2-9　更改对象叠放顺序

使用合并模式和对象模式绘制的图形对象是可以互相转换的，具体操作如下所述。

要将对象模式绘制的图形转换为合并模式绘制的图形，只要将各对象进行分离操作，即选择"修改"→"分离"命令或按"Ctrl+B"快捷键即可。

要将合并模式绘制的图形转换为对象模式绘制的图形，则应选择"修改"→"合并对象"→"联合"命令。

2.1.2 工具箱

工具箱中包含较多工具，每个工具都能实现不同的效果，熟悉各个工具的功能特性是学习 Flash 的重点之一。Flash 默认工具箱如图 2-10 所示，由于工具太多，一些工具被隐藏起来，在工具箱中，如果工具按钮右下角含有黑色小箭头，则表示该工具中还有其他隐藏工具。

（1）选择变换工具

工具箱中的选择变换工具包括了"部分选择工具""套索工具""任意变形工具"和"渐变变形工具"，利用这些工具可对舞台中的元素进行选择、变换等操作。

（2）绘画工具

绘画工具包括"钢笔工具组""文本工具""线条工具""矩形工具组""铅笔工具""刷子工具组"以及"Deco 工具"，这些工具的组合使用能让设计者更方便地绘制出理想的作品。

（3）绘画调整工具

绘画调整工具能让设计者对所绘制的图形、元件的颜色等进行调整，其包括"骨骼工具组""颜料桶工具组""滴管工具""橡皮擦工具"。

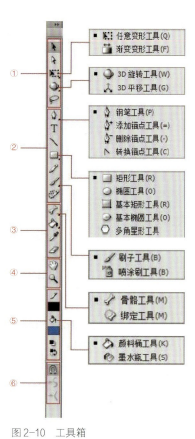

图 2-10　工具箱

（4）视图工具

视图工具中含有"手形工具"用于调整视图区域，"缩放工具"用于放大 / 缩小舞台大小。

（5）颜色工具

颜色工具主要用于"笔触颜色"和"填充颜色"的设置和切换。

（6）工具选项区

工具选项区是动态区域，其会随着用户选择的工具不同而显示不同的选项，如果单击工具箱中的"套索工具"按钮，在该区域中会显示如图 2-11 所示的选项，单击"魔术棒"按钮，则切换"套索工具"为"魔术棒工具"，单击"魔术棒设置"按钮，弹出如图 2-12 所示的对话框，用于设置"魔术棒"的相关参数。

图 2-11　工具选项　图 2-12　"魔术棒设置"对话框

将光标停留在工具图标上稍等片刻，即可显示关于该工具的名称及快捷键的提示。单击工具箱顶部的图标即可将工具箱展开或折叠显示。右下角有三角图标的工具，表示是一个工具组，在该工具按钮上按下鼠标左键，当工具组显示后即可松开左键，然后再选择已显示的工具即可。

1）选择工具

箭头工具 ![] 是用来选择、移动和复制舞台中的对象的，其还可改变对象的大小和形状。

（1）选择对象

箭头工具 ![] 的主要作用是选择各种对象。激活此工具按钮后，用鼠标单击可以直接选取线条、边框、填充区域、图形对象（元件）、影片对象（元件）、从外部导入的对象等。

在选择线条与边框时，如果需要选取全部线条与边框，只需双击鼠标就能够选取全部。

如果需要同时选取多个对象，可以按住 Shift 键连续单击准备选取的对象。

还有一种框选方法可以同时选取多个对象。那就是激活箭头工具后，在舞台上按住鼠标左键拖出一个矩形框，将准备选取的对象全部包含在内。

（2）操作对象

①删除对象操作：利用箭头工具选中一个或多个对象，然后按 Delete 键即可删除。

②移动对象操作：选中对象后将鼠标放在被选中的对象上，鼠标指针的右下方应显示一个四向箭头，拖拽鼠标即可移动对象。

③复制对象操作：如果用鼠标拖拽对象的同时，按住 Ctrl 或 Alt 键不放，则可以复制选中的对象。

（3）编辑图形

使用箭头工具 ![] 可以直接修改绘制的矢量图形。

修改图形的操作方法是，将鼠标移动到准备修改的图形上，此时鼠标箭头光标下面会显示一个小弧线，按住鼠标左键拖动，就可以改变线条的形状，如图 2-13 所示。

这种修改图形的方法就是在计算机上绘制动画图像的主要方法。需要注意的是将箭头光标

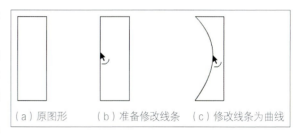

（a）原图形　（b）准备修改线条　（c）修改线条为曲线

图 2-13　拖动鼠标改变线条形状

移动到准备修改的图形之前，不要事先选择此图形——这样只能移动图形而不能修改图形！

2）部分选取工具

部分选取工具 ![] 用于对舞台中各种对象的移动或变形。主要用于对钢笔绘制的线段和图形的节点进行选取、移动、调整等操作。

常用快捷键如下所述。

① Alt 键：将直线或直角线段变为曲线。在调整曲线时，可使用部分选取工具选择控制点，点选后出现两条控制杆，进行普通操作时，两条控制杆会同时改变位置，按下 Alt 键，可以仅对一条控制杆进行调整，另一条不受影响。如点选线段，按住 Alt 键拖动，表示复制。

② Ctrl 键：使用"部分选取工具"时按下 Ctrl 键，可临时变为"任意选择工具"，松开变回。

③ Shift 键：对多个图形进行修改操作。

④ Delete 键：对描点进行删除。

⑤选中控制点，使用键盘的上下左右键可对图形进行调整。

3）任意变形工具

使用 Flash 绘制图形时，很难做到一步到位，需要借助任意变形工具进行不断修改和细微的调整，以改变图形的基本形状。

选择舞台中的卡通人物图形，单击工具箱中的 ⚎（任意变形工具）按钮，此时矩形四周会出现如图 2-14 所示的 8 个方框控制点，并且在工具箱的下方会出现"贴紧至对象""旋转与倾斜""缩放""扭曲"和"封套"5 个选项按钮，如图 2-15 所示。这 5 个选项按钮的具体功能如下所述。

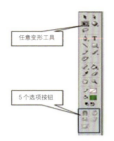

图 2-14　应用任意变形工具　　　　图 2-15　任意变形工具的 5 个选项

①贴紧至对象：单击该按钮，拖动图形时可以进行自动吸附。适合于将形状与运动路径对齐的情况。

②旋转与倾斜：单击该按钮，将鼠标指针移到图形边角的方框控制点上，当鼠标指针变为 ↻ 形状时，拖动鼠标可对图形进行旋转，如图 2-16 所示。这里需要特别注意：对白色的图形中心点进行位置移动，可以改变图形在旋转时的轴心位置。将鼠标指针移到图形边缘的方框控制点上，鼠标指针变为 ⇆ 形状，此时拖动鼠标可以将对象进行倾斜，如图 2-17 所示。除了水平方向的倾斜外，还可以对图形进行垂直方向上的倾斜变形。

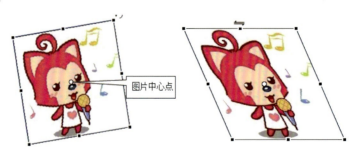

图 2-16　图片的旋转　　　　　　图 2-17　图片的倾斜

③缩放：单击该按钮，将鼠标指针移到图形水平或垂直边缘的方框控制点上，当鼠标指针变为双向箭头形状时，拖动鼠标可以改变图形的高度和宽度；将鼠标指针移到图形边角的方框控制点上，当鼠标指针变为双向箭头形状时，拖动鼠标可同时改变图形的宽高。若要保持宽高比例不变，需要在拖动鼠标的同时按住 Shift 键。

④扭曲：该按钮对图片只能起到裁切的作用，对矢量图形才能起变形扭曲的作用。选中如图 2-18 所示的图形，执行"修改"→"位图"→"转换位图为矢量图"命令，将该图片转换为矢量图形，这时 ◪（扭曲）按钮才能被激活，单击 ◪（扭曲）按钮，当鼠标指针变为 ▷ 形状时，拖动鼠标可以对该图形进行扭曲变形，如图 2-19 所示。

⑤封套：该按钮同样对图片只起到裁切的作用，对矢量图图形才能起封套变形的作用。选中如图 2-18 所示的图形，同样也要先将其转换为矢量图形，再单击 ▨（封套）按钮，此时图形的四周会出现很多方框控制点，拖动这些控制点，可使图形细微地变形，如图 2-20 所示。

图 2-18　原始图形　　　　图 2-19　扭曲效果图　　　　图 2-20　封套效果图

渐变变形工具如下所述。

使用渐变变形工具 ![] 可以改变选中图形中的渐变填充效果。当图形填充色为线性渐变色时，选择 ![] 工具，单击图形，会出现如图 2-21 所示的方形控制点、旋转控制点、中心控制点和两条平行线。将鼠标指针放置在旋转控制点上，鼠标指针会变为 ↻ 形状，拖动可以改变渐变区域的角度；将鼠标指针放置在中心控制点上，鼠标指针会变为 ✛ 形状，拖动可改变渐变区域的位置。若向图形中间拖动方形控制点，渐变区域会缩小。

当图形填充色为放射状渐变色时，选择 ![] 工具，单击图形，同样会出现控制点，其调整方法这里不再赘述。

4）3D 旋转工具

3D 旋转工具 ![] 只能对影片剪辑发生作用。导入一张图像，按 F8 键将图像转化为影片剪辑元件。打开 3D 旋转工具 ![]，此时图像中央会出现一个类似瞄准镜的图形，即十字外围两个圈，并呈现出不同色。当鼠标移动到红色中心垂直线时，鼠标右下角出现一个"X"，当鼠标移动到绿色水平线时，鼠标右下角出现一个"Y"，当鼠标移动到蓝色圆圈时，鼠标右下角出现一个"Z"。当鼠标移动到橙色的圆圈时，可以对图像的 X、Y、Z 轴进行综合调整。通过属性面板的"3D 定位和查看"可以对图像进行 X、Y、Z 轴数值、透视角度和消失点调整。

需要注意的是：一个场景的消失点和相机范围角是唯一的。消失点的默认位置是舞台的正中间，如图 2-22 所示。

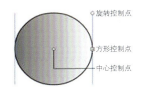

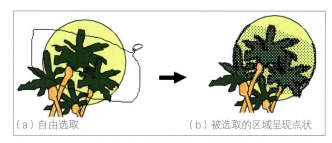

图 2-21　默认线性渐变区域　　　图 2-22　3D 旋转工具的使用

5）套索工具

套索工具 ![] 的主要作用是用来选取对象。

套索工具比箭头工具具有更强的随意性。可以选取图形的一部分，不规则图形等用法类似于 Photoshop 的套索工具。

图 2-23 所示为随意选取的部分图像区域示意图。

（a）自由选取　　　　　　（b）被选取的区域呈现点状

图 2-23　选取部分图形区域示意图

选取套索工具后，选项栏会显示 3 个按钮：魔术棒 ![]、魔术棒属性 ![]、多边形模式 ![]，具体介绍如下所述。

①魔术棒（Magic wand）：魔术棒主要用于位图分解后的编辑。导入舞台的图片，位图分解（打散 Ctrl+B）后，如果需要选择图像中的某部分颜色区域，使用魔术棒能够直接选取颜色相近的色块。如果取消已选取的区域，可将鼠标移动到图形之外，当鼠标指针不再呈现魔术棒形状时，单击鼠标即可取消选取。注：当使用"矩形工具"和"椭圆工具"绘制的图形时，魔术棒无效。

②魔术棒属性（Magic wand properties）：此按钮用来设置魔术棒的属性。单击此按钮打开"魔术棒设置"对话框，如图 2-24 所示。限度表示颜色差异的大小，其值越大，颜色差异越大。限度值的取值范围为 0~200。平滑列表框中有"像素""粗略""标准"和"平滑"4 个选项，分别表示选择区域边缘的粗糙与精细程度。

③多边形模式（Polygon mode）：使用多边形的形状选择图形区域。图 2-25 所示为运用多边形模式选取多边形区域的操作过程。

图 2-24 "魔术棒设置"对话框

（a）原图形　　（b）选取多边形区域　　（c）移动选取的图形

图 2-25 运用多边形模式选取多边形区域

6）钢笔工具

（1）使用钢笔工具绘制直线路径

选择工具箱中的钢笔工具，在舞台空白处单击，定位直线路径的起始锚点，在直线路径要结束的位置再次单击，创建第二个锚点，按照同样的办法，继续单击创建其他直线段，如图 2-26 所示。

提示：

按住 Shift 键进行单击，可以将线条限制为倾斜 45° 的倍数。

（2）使用钢笔工具绘制曲线路径

选择工具箱中的钢笔工具，在舞台中单击并拖动鼠标，定位曲线路径的起始锚点，再在舞台中其他位置单击并拖动鼠标，得到如图 2-27 示的曲线路径，同时在各锚点处出现曲线的切线手柄。

（3）调整锚点

绘制完直线和曲线路径后，可以根据需要在相应路径上移动、添加、删除和转换锚点等。

①移动锚点：使用工具（部分选取工具）在路径上单击并移动锚点，可以更改锚点的位置，也可以调整切线手柄的长短和方向，从而改变曲线路径的方向，如图 2-28 所示。

图 2-26 创建直线段

图 2-27 曲线路径

图 2-28 调整锚点位置和方向

②添加锚点：选择钢笔工具组中的工具（添加锚点工具），在路径上单击，可增加一个锚点。

③删除锚点：选择钢笔工具组中的工具（删除锚点工具），单击路径上的锚点，可将该锚点删除。

④转换锚点：路径上的锚点分为直线锚点和曲线锚点两种，两者之间可以互相转换，选择工具箱中的工具（转换锚点工具），将其放置到需要转换的锚点上，如图 2-29 所示，单击即可将曲线锚点转

换为直线锚点，如图 2-30 所示。如果要将直线锚点转换为曲线锚点，则可以将 （转换锚点工具）放置到直线锚点上进行拖拉。

（4）设置路径的端点和接合

端点指的是线段的两端，接合指的是线段的转折处，即拐角的地方，如图 2-31 所示。

图 2-29　单击需要转换的锚点　　　图 2-30　转换锚点后的效果　　　图 2-31　接合和端点

选中线段，在"属性"面板中可对该线段的端点和接合类型进行设置。其中，端点类型包括"无""圆角"和"方形"3 种，接合类型包括"尖角""圆角"和"斜角"3 种。既可以在绘制线段前设置好这些属性，也可以在绘制完以后重新修改线段的这些属性。

（5）结束路径的绘制

要绘制不闭合路径，可在路径结束的位置双击，或者按住 Ctrl 键单击路径外的任何地方。

要绘制闭合路径，可将钢笔工具指向第一个锚点处单击，如果定位准确，就会在靠近钢笔尖的地方出现一个小圆圈，单击或拖动即可闭合路径。

绘制完后按住 Alt 键切换为"转换锚点工具"对绘制完的锚点进行弯曲编辑。注："转换描点工具"只能对锚点进行调整，点选直线上是编辑不了的。松开 Alt 键，自动转换回钢笔工具。

在绘制锚点的进程中，按下 Alt 键可以调整其中一个控制柄的位置。

在绘制完一段线段后，使用"钢笔工具"移动到线段中央，按 Ctrl+Alt 键可依次将功能切换为"添加锚点工具""删除锚点工具""转换锚点工具"。

7）文本工具

Flash CS6 提供了 3 种文本类型。第 1 种文本类型是静态文本，主要用于制作文档中的标题、标签或其他文本内容；第 2 种文本类型是动态文本，主要用于显示根据用户指定条件而变化的文本，例如，可以使用动态文本字段添加存储在其他文本字段中的值（比如两个数字的和）；第 3 种文本类型是输入文本，通过其可以实现用户与 Flash 应用程序间的交互，例如，在表单中输入用户的姓名或者其他信息。

选择工具箱中的 （文本工具），在"属性"面板中就会显示出如图 2-32 所示的相关属性设置。用户可以选择文本的下列属性：字体、磅值、样式、颜色、间距、字距调整、基线调整、对齐、页边距、缩进和行距等。

文本属性面板的具体内容详见任务 3。

图 2-32　文本的"属性"面板

8）线条工具

使用线条工具 可以在舞台窗口中直接绘制线条。

线条不能进行颜色填充，但可以通过设置线条属性对线条进行编辑。

编辑线条的方法是：先选中准备编辑的线条，单击鼠标右键，在随后弹出的快捷菜单中选择"属性"，打开线条的属性面板。在线条的属性面板中将显示出线条的信息，用户可以通过设置这些属性改变线条的起始位置、线条长度、宽度、颜色、线型和风格等。

注：在使用线条工具 <img_line> 绘制直线的过程中，如果按住 Shift 键的同时单击拖拽，可以绘制出垂直或水平的直线，或者 45° 斜线。如果按住 Ctrl 键可以暂时切换到选择工具 <img_arrow>，对工作区中的对象进行选取，当释放 Ctrl 键时，又会自动换回到线条工具 <img_line>。

9）几何工具

Flash CS6 中包括椭圆工具 <img>、矩形工具 <img>、多角星形工具 <img>、基本矩形工具 <img>和基本椭圆工具 <img>5 种图形工具。在默认情况下，Flash 工具箱中只显示矩形工具，如果要选择其他图形工具，可以在工具箱中按住矩形工具不放，在弹出的隐藏工具面板中选择相关的图形工具，如图 2-33 所示。

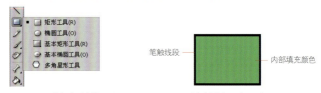

图 2-33　选择相关的工具　　　　图 2-34　绘制的矩形图形

椭圆工具和矩形工具分别用于绘制矩形图形和椭圆图形，其快捷键分别是"R"和"O"。

（1）使用矩形工具及其属性设置

使用矩形工具可以绘制出矩形或圆角矩形图形。绘制方法为：在工具箱中选择矩形工具，然后在舞台中单击并拖拽鼠标，随着鼠标的拖拽即可绘制出矩形图形。绘制的矩形图形由外部笔触线段和内部填充颜色所构成，如图 2-34 所示。

提示：

使用（矩形工具）绘制矩形时，如果在按住键盘上的"Shift"键的同时进行绘制，可以绘制正方形；如果在按住"Alt"键的同时进行绘制，可以从中心向周围绘制矩形；如果在按住"Alt+Shift"组合键的同时进行绘制，可以从中心向周围绘制正方形。

选择工具箱中的矩形工具后，在属性面板中将出现矩形工具的相关属性设置，如图 2-35 所示。

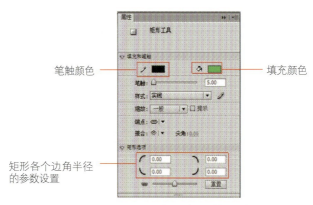

图 2-35　矩形的"属性"面板

在"属性"面板中可以设置矩形的外部笔触线段属性、填充颜色属性以及矩形选项的相关属性。其中，外部笔触线段的属性与铅笔工具 <img> 的属性设置相同，属性面板中的"矩形选项"用于设置矩形 4 个边角半径的角度值。

①矩形边角半径：用于指定矩形的边角半径，可以在每个文本框中输入矩形边角半径的参数值。

②锁定 🔗 与解锁 🔗：如果当前显示为锁定 🔗 状态，那么只设置一个边角半径的参数，则所有边角半径的参数都会随之进行调整，同时也可以通过移动右侧滑块的位置统一调整矩形边角半径的参数值，如图 2-36 所示；如果单击锁定 🔗，将取消锁定，此时显示为解锁 🔗 状态，不能再通过拖动右侧滑块来调整矩形边角半径的参数，但是还可以对矩形的 4 个边角半径的参数值分别进行设置，如图 2-37 所示。

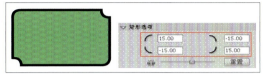

图 2-36　同时调整矩形边角半径的参数值后的效果　　图 2-37　分别调整矩形边角半径的参数值后的效果

③重置：单击 重置 按钮，则矩形边角半径的参数值都将重置为 0，此时，绘制矩形的各个边角都将为直角。

（2）使用椭圆工具及其属性设置

椭圆工具用于绘制椭圆图形，其使用方法与矩形工具 ▢ 基本类似，这里就不再赘述。在工具箱中选择椭圆工具 ◯ 后，在属性面板中将出现椭圆工具的相关属性设置，如图 2-38 所示。

①"开始角度"与"结束角度"。用于设置椭圆图形的起始角度与结束角度值。如果这两个参数均为 0，则绘制的图形为椭圆或圆形。调整这两项属性的参数值，可以轻松地绘制出扇形、半圆形及其他具有创意的形状。图 2-39 所示为"开始角度"与"结束角度"参数变化时的图形效果。

图 2-38　椭圆工具的"属性"面板　　图 2-39　"开始角度"与"结束角度"参数变化时的图形效果

先按住 Alt 键，绘制以鼠标为中心的方形或椭圆形。单击工具后按 Alt 键弹出"矩形或椭圆设置"对话框。

②内径：用于设置椭圆的内径，其参数值范围为 0 ~ 99。如果参数值为 0 时，则可根据"开始角度"与"结束角度"绘制没有内径的椭圆或扇形图形；如果参数值为其他参数，则可绘制有内径的椭圆或扇形图形。图 2-40 所示为"内径"参数变化时的图形效果。

（a）"内径"为 0.00　　　　　　　（b）"内径"为 50.00

图 2-40　"内径"参数变化时的图形效果

③闭合路径。用于确定椭圆的路径是否闭合。如果绘制的图形为一条开放路径，则生成的图形不会填充颜色，而仅绘制笔触。默认情况下选择"闭合路径"选项。

④重置。单击 重置 按钮，椭圆工具的"开始角度""结束角度"和"内径"参数将全部重置为 0。

（3）基本矩形工具和基本椭圆工具

基本矩形工具、基本椭圆工具与矩形工具、椭圆工具类似，同样用于绘制矩形或椭圆图形。不同之处在于使用矩形工具、椭圆工具绘制的矩形与椭圆图形不能再通过属性面板设置矩形边角半径和椭圆圆形的开始角度、结束角度、内径等属性，使用基本矩形工具、基本椭圆工具绘制的矩形与椭圆图形则可以继续通过属性面板随时进行属性设置。

（4）多角星形工具

多角星形工具 ⬡ 用于绘制星形或者多边形。当选择多角星形工具 ⬡ 后，在属性面板中单击 按钮，如图 2-41 所示，可以在弹出的如图 2-42 所示的"工具设置" 对话框中进行相关选项的设置。

图 2-41　单击"选项"按钮　　　　图 2-42　　"工具设置"对话框

①样式：用于设置绘制图形的样式，有多边形和星形两种类型可供选择。图 2-43 所示为选择不同样式类型的效果。

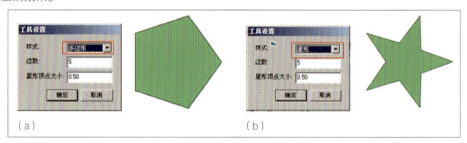

图 2-43　　选择不同样式类型的效果

a. 选择"多边形"。

b. 选择"星形"。

②边数：用于设置绘制的多边形或星形的边数。

③星形顶点大小：用于设置星形顶角的锐化程度，数值越大，星形顶角越圆滑；反之，星形顶角越尖锐。

10）铅笔工具

使用铅笔工具 ✏，可以在舞台窗口中直接绘制任意线条或不规则的形状。在属性面板中设置相关模式，以表达不同的绘制效果。其使用方法和真实铅笔的使用方法大致相同。铅笔工具 ✏和线条工具 ✏在使用方法上也有许多相同点，但也存在一定的区别，最明显的是铅笔工具 ✏可绘制较柔和的曲线，这种曲线通常用作路径的绘制。

11）刷子工具

利用刷子工具可以绘制类似毛笔绘图的效果，应用于绘制对象或者内部填充，其使用方法与铅笔工具类似。但是使用铅笔工具绘制的图形是笔触线段，而使用刷子工具绘制的图形是填充颜色，它不具备边线。

在工具箱中选择刷子工具后，在工具箱下方的"选项区域"中将出现刷子工具的相关选项设置，如图2-44所示。

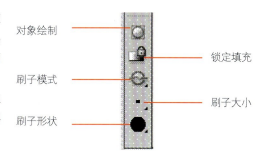

图2-44　刷子工具的相关选项

①对象绘制：以对象模式绘制互不干扰的多个图形。

②锁定填充：用于设置填充的渐变颜色是独立应用还是连续应用。

选择填充彩虹色，没锁定用刷子绘制的图形都有自己完整的渐变色彩，锁定是绘制的所有图形都以同一个渐变区域填充，如图2-45所示。

图2-45

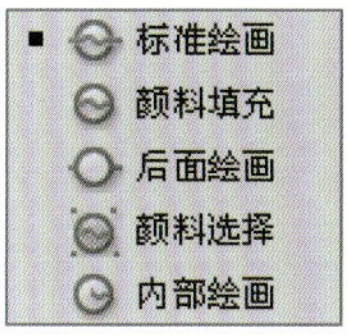

图2-46　刷子模式

③刷子模式：用于设置刷子工具的各种模式。

④刷子大小：用于设置刷子工具的笔刷大小。

⑤刷子形状：用于设置刷子工具的形状。

（1）使用刷子模式

刷子模式用于设置利用刷子工具 ✐ 绘制图形时的填充模式。单击该按钮，可弹出如图2-46所示的5种刷子模式。

①标准绘画：使用该模式时，绘制的图形可对同一图层的笔触线段和填充颜色进行填充。

②颜料填充：使用该模式时，绘制的图形只填充同一图层的填充颜色，而不影响笔触线段。

③后面绘画：使用该模式时，绘制的图形只填充舞台中的空白区域，而对同一图层的笔触线段和填充颜色不进行填充。

④颜料选择：使用该模式时，绘制的图形只填充同一图层中被选择的填充颜色区域。

⑤内部绘画：使用该模式时，绘制的图形只对刷子工具开始时所在的填充颜色区域进行填充，而不对笔触线段进行填充。如果在舞台空白区域中开始填充，则不会影响任何现有填充区域。

图2-47所示为使用不同刷子模式绘制的效果比较。

图2-47　使用不同刷子模式绘制的效果比较

（2）刷子工具的属性设置

选择刷子工具后，可在属性面板中设置刷子工具的相关属性。对于刷子工具，除了可以设置常规的填充和笔触属性外，还有一个"平滑"的属性，如图 2-48 所示。该属性用于设置绘制图形的平滑模式，此参数值越大，绘制的图形越平滑。图 2-49 所示为设置不同"平滑"值的效果比较。

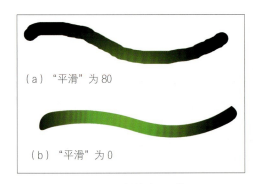

（a）"平滑"为 80

（b）"平滑"为 0

图 2-48　刷子工具的平滑属性　　　图 2-49　设置不同平滑值的效果比较

使用刷子工具还能导入位图作为填充。选择"窗口"→"颜色"→"位图填充"，导入位图。刷子工具绘制就是位图填充的。

12）Deco 工具

（1）使用 Deco 工具

使用工具箱中的 Deco 工具 ![icon] 可以将创建的图形形状转变为复杂的几个图案，还可以将库中创建的影片剪辑或图形元件填充到应用的图形中，从而创建类似万花筒的效果。

选择工具箱中的 Deco 工具 ![icon] 后，将光标放置到需要填充的图形处，单击鼠标，即可为其填充图案，整个流程如图 2-50 所示。

（2）Deco 工具的属性设置

选择 Deco 工具后，在"属性"面板中将出现其相关属性设置，其中，绘制效果包括"藤蔓式填充""网格填充""对称刷子""3D 刷子""建筑物刷子""装饰性刷子""火焰动画""火焰刷子""花刷子""闪电刷子""粒子系统""烟动画"和"树刷子"13 种，如图 2-51 所示。

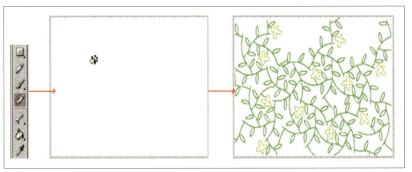

图 2-50　使用 Deco 工具填充图形

图 2-51　"绘制效果"的下拉列表

13）骨骼工具

骨骼工具依据的是反向运动学原理，反向运动的特点是动作传递的双向性，当父对象的动作发生变化时，其子对象会受到这些动作的影响，反之亦然。在 Flash 中骨骼的绑定也要遵循这个原则，要将头、四肢绑定到人的躯干上。

元件对象可以是影片剪辑、图形和按钮中的任意一种。如果是文本，则需要将文本转换为元件。当创建基于元件的骨骼时，可以使用工具箱中的（骨骼工具）将多个元件进行骨骼绑定，骨骼绑定后，移动其中一个骨骼会带动相邻的骨骼进行运动。

骨骼连接的中心点可以通过"任意变形工具"进行细节调整，具体详情见任务 6 骨骼动画。

14）颜料桶工具

颜料桶工具 是绘图过程中最常使用的填色工具，可以使用纯色、渐变色和图案来填充或更改封闭区域的颜色。选择工具箱中的 工具，其选项区中将显示如图 2-52 所示的"空隙大小"和"锁定填充"两种选项。

图 2-52　颜料桶工具选项

针对一些没有封闭的图形轮廓，可以在"空隙大小"选项组中选择各种不同的填充模式，如图 2-53 所示。

①不封闭空隙：填充封闭的区域。

②封闭小空隙：填充开口较小的区域。

③封闭中等空隙：填充开口一般的区域。

④封闭大空隙：填充开口较大的区域。

图 2-53　空隙选项

提示：

使用放大或缩小的方法可以改变图形的外观，但无法改变缺口的实际尺寸。所以，如果缺口比较大，就需要进行手动修复。

单击锁定填充 按钮后，将不能再对图形的填充颜色进行修改，这样可以防止因错误操作导致填充色被改变的情况发生。

15）墨水瓶工具

使用墨水瓶工具 可以改变矢量图形边线的颜色、线宽和样式等属性。具体操作方法为：选择工具箱中的 工具，在其"属性"面板中设置笔触的颜色、大小和样式，然后单击要修改的矢量图形边线，即可将原来的边线属性替换为新设置的边线属性。

16）滴管工具

使用滴管工具 可以从一个对象上获取线条和填充色的属性，然后将它们应用到其他对象中。除此之外，滴管工具还可以从位图图像中取样，以用作填充。下面介绍滴管工具的使用方法。

（1）获取笔触属性

选择滴管工具 ，将鼠标指针放置到如图 2-54 所示左边圆形的边框线上，当鼠标指针变为 形状，单击边框线，吸取笔触属性，此时鼠标指针变为 形状，然后将鼠标指针移动到如图 2-54 所示右边矩形的外边框上单击，则右侧矩形外边框的颜色和样式会被更改为与左侧一样，如图 2-55 所示。

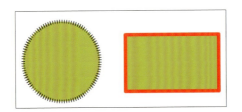

图 2-54　鼠标指针变为🖊形状

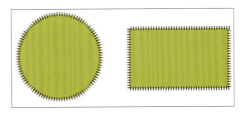

图 2-55　将左侧图形的笔触属性添加给右侧图形

（2）获取填充色属性

选择滴管工具🖊，将鼠标指针移动到如图 2-56 所示左侧星形的填充色上，此时鼠标指针变为🖊形状。在填充色上单击，吸取填充色样本，此时变为🖊形状，表示填充色已经被锁定。单击工具箱选项区中的锁定填充🔲按钮，取消填充锁定，使鼠标指针变为🖊形状，再单击如图 2-56 所示右侧圆形的填充色区域，即可将左侧星形的填充色填充给右侧圆形，如图 2-57 所示。

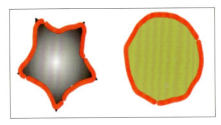

图 2-56　鼠标变为🖊形状

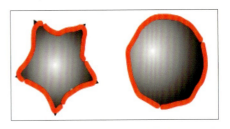

图 2-57　将左侧图形的填充色添加给右侧图形

（3）吸取位图图案

使用滴管工具🖊还可以吸取外部导入的位图图案。操作方法为：按 Ctrl+B 快捷键，将图 2-58 所示左侧鲜花的位图图片分离，再选择滴管工具，将鼠标指针放置到位图上，此时鼠标指针变为🖊形状，单击鼠标吸取图案样本，此时鼠标指针变为🖊形状，在右侧八边形上单击，即可将位图图案填充给这个八边形，如图 2-59 所示。

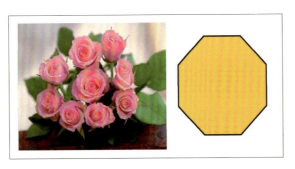

图 2-58　分离位图并吸取图案样本

图 2-59　位图图案填充后的效果

如果需要调整填充图案的大小，可以利用工具箱中的渐变变形工具，单击被填充图案样本的八边形，此时会出现调整框，通过改变调整框可改变图案的填充效果，如图 2-60 所示。

17）橡皮擦工具

尽管橡皮擦工具🖊严格来说既不是绘图工具也不是着色工具，但是橡皮擦工具作为绘图和着色工具的主要辅助工具，在整个 Flash 绘图中起着不可或缺的作用，所以，将其放在图形制作部分给大家讲解。

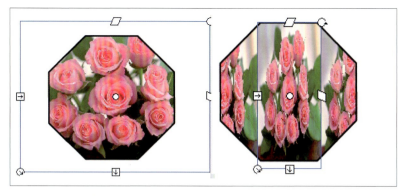

图2-60　改变图案的填充效果

使用橡皮擦工具可以快速擦除笔触段或填充区域等工作区中的任何内容。用户可以自定义橡皮擦工具，以便于只擦除笔触、只擦除数个填充区域或单个填充区域。

橡皮擦模式 ————

水龙头

橡皮擦形状 ————

标准擦除

擦除填色

擦除线条

擦除所选填充

内部擦除

图2-61　橡皮擦工具选项　　　图2-62　橡皮擦形状　　　图2-63　橡皮擦模式

选择橡皮擦工具后，在工具箱的下方会出现如图2-61所示的参数选项。在橡皮擦形状选项中共有圆、方两种类型，从细到粗共10种形状，如图2-62所示。

（1）橡皮擦模式

橡皮擦模式控制并限制了橡皮擦工具进行擦除时的行为方式。在橡皮擦模式选项中共有5种模式：标准擦除、擦除填色、擦除线条、擦除所选填充和内部擦除，如图2-63所示。

①标准擦除：这时橡皮擦工具就像普通的橡皮擦一样，将擦除所经过的所有线条和填充，只要这些线条或者填充位于当前图层中即可。

②擦除填色：这时橡皮擦工具只擦除填充色，而保留线条。

③擦除线条：与擦除填色模式相反，这时橡皮擦工具只擦除线条而保留填充色。

④擦除所选填充：这时橡皮擦工具只擦除当前选中的填充色，保留未被选中的填充以及所有的线条。

⑤内部擦除：只擦除橡皮擦笔触开始处的填充。如果从空白点开始擦除，则不会擦除任何内容，以这种模式使用橡皮擦并不影响笔触。

（2）水龙头

水龙头功能键主要用于删除笔触段或填充区域。

2.2 标志设计

2.2.1 案例效果

本任务将钢笔工具和颜色填充工具进行巧妙结合，绘制如图 2-64 所示的网站 Logo。

图 2-64 标志设计案例效果

2.2.2 设计思路

使用钢笔工具可以绘制精确的路径，如平滑、流畅的曲线或者直线，并可调整曲线段的斜率以及直线段的角度和长度。另外，在绘制了路径后，还可为闭合路径设置缤纷多彩的颜色，从而创建出绚丽的图形效果。

2.2.3 相关知识和技能点

①掌握钢笔工具的操作方法和技巧。
②掌握颜色填充工具的操作方法。

2.2.4 任务实施

①选择"文件"→"新建"命令，在弹出的对话框中选择"常规"选项卡中的 Action Script 3.0 选项，设置尺寸为 300 像素（宽度）×300 像素（高度），背景颜色设为白色，单击"确定"按钮，创建一个 Flash 文档。

②选择工具箱中的椭圆工具，在其"属性"面板中将笔触颜色 ✐☐ 设为无，填充颜色 ◢☐ 设为绿色，在舞台中按住 Shift 键绘制一个正圆。复制该圆，并将复制得到的圆的颜色改为红色，将其移到与绿色圆重叠的位置，如图 2-65 所示。单击红色的圆，按 Delete 键将其删除，得到一个绿色的半圆环，效果如图 2-66 所示。

③单击绿色的半圆环，在"颜色"面板中进行如图 2-67 所示的设置，得到半圆环的填充色效果，如图 2-68 所示。

图 2-65　绘制两个正圆　　　图 2-66　制作月牙形状　　　图 2-67　设置渐变颜色值　　图 2-68　用渐变色填充月牙

④将笔触颜色设为黑色，用钢笔工具单击第一个锚点，扭动一下钢笔工具，再单击第二个锚点，用同样的方法依次单击第三、第四个锚点，最后再单击第一个锚点，形成一个闭合的心形雏形，如图 2-69 所示。

⑤用部分选取工具 ▶ 适当地调整曲线的切线手柄，得到如图 2-70 所示的心形。注意，如果心形雏形没有显示锚点和曲线的切线手柄，可以用部分选取工具先单击一下心形雏形的线条，再单击锚点，即可出现曲线的切线手柄。

⑥用选择工具 ▶ 框选图 2-70 所示的心形，先按 Ctrl+C 快捷键，再按 Ctrl+V 快捷键复制得到一个心形，用部分选取工具适当地调整曲线的切线手柄，得到如图 2-71 所示的心形。

图 2-69　用钢笔工具初步绘制形状　　　图 2-70　调整曲线幅度　　　图 2-71　复制并旋转心形

⑦用同样的方法，再复制得到两个心形，接着用任意变形工具 ▦ 调整这 4 个心形的位置，得到如图 2-72 所示效果。

⑧在"颜色"面板中选择"线性渐变"选项，其渐变色的参数如图 2-73 所示。用 ◢ 工具在最上方的心形上由下往上拉，得到如图 2-74 所示的效果。

图 2-72　绘制并组合心形　　　图 2-73　设置渐变颜色　　　图 2-74　填充渐变颜色

⑨将其他 3 个心形的渐变颜色分别设置为如图 2-75 所示的参数值，用同样的方法对其他几个花瓣进行填充，得到如图 2-76 所示的效果。

⑩用选择工具单击心形的黑色边框，再按 Delete 键将其删除，然后再框选这 4 个心形，将其移到半圆环的右侧，如图 2-77 所示。

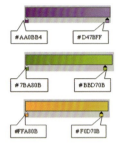
#AA0BB4   #D47BFF
#7BA80B   #BBD70B
#FFA80B   #F0D70B

图 2-75　先后设置 3 种渐变颜色　　图 2-76　填充其他花瓣渐变颜色　　图 2-77　组合图形

⑪选择文本工具 **T**，输入 "arkit"，在文本的 "属性" 面板中进行如图 2-78 所示的设置，其中文本颜色为黑色。将 "arkit" 文字移到合适的位置，得到的效果如图 2-79 所示。

⑫在 "arkit" 文字下方输入 "卡其童鞋"，设置文字格式为黑体，大小为 19 点，颜色值为 #79B233，得到 Logo 的最终效果，如图 2-80 所示。

图 2-78　设置文字属性

图 2-79　添加文字

图 2-80　Logo 最终效果

卡通造型设计

2.3.1 案例效果

案例效果，如图 2-81 所示。

2.3.2 设计思路

①导入草图素材，然后使用选择工具与铅笔工具以及线条工具 ＼，根据草图绘制出各部位的轮廓线。

②将各部位调整成封闭区域，然后对其进行填色处理。"Q 版造型"的制作流程如图 2-83 至图 2-97 所示。

2.3.3 相关知识和技能点

绘制轮廓线，注意填充颜色区域需要先将各部分的线条区域调整为封闭区域。

2.3.4 任务实施

①导入素材 Q 版草图 .jpg 文件，Q 版人物由简化的头部、躯干和四肢组成，如图 2-82 所示。

②新建一个"脸"图层，然后使用选择工具与铅笔工具以及线条工具 ＼，根据草图的造型绘制出脸部的线条，如图 2-83 所示。

③新建一个"眼镜"图层，然后使用选择工具与铅笔工具以及线条工具 ＼ 绘制出眼镜的线条，如图 2-84 所示。

图 2-81　卡通造型设计案例效果　　　　图 2-82　导入素材

图 2-83　新建脸图层

图 2-84　新建"眼镜"图层

④新建一个"眼睛"图层,然后使用选择工具与铅笔工具以及线条工具  绘制出眼睛的线条,如图 2-85 所示。

⑤新建一个"脖子"和"围巾"图层,然后使用选择工具与铅笔工具以及线条工具 绘制出脖子和围巾的线条,如图 2-86 所示。

图 2-85　新建"眼睛"图层

图 2-86　新建"脖子"和"围巾"图层

⑥新建一个"头饰"和"头发"图层,然后使用选择工具与铅笔工具以及线条工具 绘制出头饰与头发线条,如图 2-87 所示。

⑦新建一个"身体"图层,然后使用选择工具与铅笔工具以及线条工具 绘制出身体线条,如图 2-88 所示。

图 2-87　新建"头饰"和"头发"图层

图 2-88　新建"身体"图层

⑧新建一个"左手"和"右手"图层,然后使用选择工具与铅笔工具以及线条工具 绘制双手的线条,如图 2-89 所示。

⑨新建一个"裙子"图层,然后使用选择工具与铅笔工具以及线条工具 绘制出裙子的线条,如图 2-90 所示。

图 2-89　新建"左手"和"右手"图层

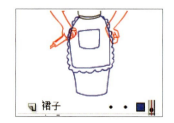

图 2-90　新建"裙子"图层

⑩新建一个"鞋"和"脚"图层,然后使用选择工具与铅笔工具以及线条工具 绘制出鞋子和脚的线条,如图 2-91 所示。

注意：

下面要对各个图层进行填色处理，在填色之前要先将各部分的线条区域调整为封闭区域。

填充色彩步骤如下所述。

①选择"头发"图层，设置填充色为（R：255，G：218，B：181），填充头发区域；接着选择"脸"图层，设置填充色为（R：102，G：51，B：0）填充脸部区域，如图2-92所示。

②使用铅笔工具 ✏ 绘制出眼球的轮廓线，然后对其填充相应的颜色，如图2-93所示。

③选择"头饰"和"围巾"图层，然后设置填充色为（R：168，G：72，B：49），填充头饰和围巾区域如图2-94所示。

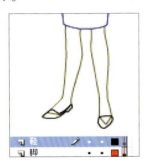

图2-91 新建"鞋"和"脚"图层

图2-92

图2-93

图2-94

④继续填充衣服与手的颜色，如图2-95所示。

⑤填充裙子的颜色，如图2-96所示。

⑥填充双脚和鞋子的颜色，最终效果图如图2-97所示。

图2-95   图2-96   图2-97

2.4 动漫场景

2.4.1 案例效果

本例将使用绘图工具来制作一幅 Q 版风景，本例的制作需要掌握钢笔工具 ✒ 的使用方法。完成后的效果如图 2-98 所示。

图 2-98 动漫场景案例效果

2.4.2 设计思路

设计思路如图 2-99 所示。

图 2-99 设计思路图

2.4.3　相关知识和技能点

①使用钢笔工具 ✎ 和填色功能绘制芭蕉叶。

②使用钢笔工具 ✎ 和填色功能绘制芭蕉座。

③使用线条工具 ＼ 和填色功能绘制芭蕉杆。

④使用钢笔工具 ✎ 和填色功能绘制土丘。

⑤使用铅笔工具 ✐ 绘制小草和远景。

⑥使用填色功能和钢笔工具 ✎ 为画图面添加背景。"芭蕉叶"的制作流程如图 1-128 所示。

2.4.4　任务实施

（1）绘制芭蕉叶

①打开本书配套光盘中的"素材文件→芭蕉林→芭蕉林素描 .jpg"文件，如图 2-100 所示。

注意：

在绘制比较复杂的图形时，最好先在草稿纸上勾画出基本形状，然后根据草稿图在 Flash 中绘制出图形。

图 2-100　芭蕉林素描

②启动 Flash CS6，新建一个空白文档，再使用钢笔工具 ✎ 绘制出芭蕉叶的轮廓，然后使用添加描点工具 ✎ 创建出描点，在按住 Alt 键的同时拖拽手柄，将路径的弧度调整好，如图 2-101 所示。

③继续添加描点并绘制轮廓线，如图 2-102 所示。

图 2-101　调整弧度

图 2-102　绘制轮廓线

④绘制另一侧路径，然后仔细调整各部分轮廓，如图 2-103 所示。

⑤使用钢笔工具 ✎ 绘制叶片中间的叶脉，如图 2-104 所示。

图 2-103　绘制另一侧路径

图 2-104　绘制叶片中间的叶脉

⑥打开"颜色"面板，然后设置颜色为（R:46，G:171，B:3），再用设置好的颜色填充图形，效果如图2-105所示。

⑦为了使叶片看起来更有立体感，使用线条工具 ＼ 绘制背光区域的阴影线，如图2-106所示。

注意：

为了确保正常填充阴影区域，故此线条与叶片的边缘必须形成一个封闭区域，在调整线条时一定要注意这点。

⑧设置阴影颜色为（R:39，G:149，B:2），然后填充阴影区域，效果如图2-107所示。

图2-105　设置颜色　　　　　　　　　图2-106　绘制背光区域的阴影线　　图2-107　效果图

⑨打开"颜色"面板。设置类型为"线性渐变"，然后第1个色标颜色为（R:57，G:143，B:12），第2个色标颜色为（R:255，G:255，B:153），再用设置好的颜色填充叶脉图形，效果如图2-108所示。

⑩删除轮廓线，效果如图2-109所示，然后将所有图形建立一个组，再采用相同的方法绘制出另外一片芭蕉叶，最后将其转化为影片剪辑，如图2-109所示。

⑪复制几份芭蕉叶到合适的位置，然后调整好每片芭蕉叶到合适的位置，然后调整好每片芭蕉叶的色调，如图2-110所示。

图2-108　　　　　　　　　　　　　　图2-109　　　　　　　　图2-110

（2）绘制芭蕉座

①使用钢笔工具 ✎ 绘制出芭蕉座的轮廓线，如图2-111所示。

②采用前面的方法绘制出芭蕉座的背光区和高光区，然后分别为受光区、背光区和高光区填充颜色，受光区的填充颜色为（R:166，G:107，B:0），背光区的填充颜色为（R:13，G:90，B:0），高光区的填充颜色为（R:255，G:218，B:149），如图2-112所示。

③删除芭蕉座的轮廓线，效果如图2-112所示。

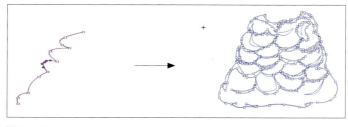

图2-111　　　　　　　　　　　　　　　　　　　　　　　图2-112

注意：

删除图形里的复杂线条时，如果按常规方法来逐条进行删除，将是一项非常烦琐的工作。这时可以单击"工具箱"中的橡皮擦工具 ✍ 然后在"工具箱"中设置"橡皮擦模式"为"擦除线条"模式，若要擦除填充颜色，可设置为"擦除填色"模式。

（3）绘制芭蕉杆

①使用线条工具 ＼ 绘制出芭蕉杆的线条，如图2-113所示。

②打开"颜色"面板，然后设置类型为"线性渐变"，再设置第1个颜色为（R:57，G:143，B:153），第2个颜色为（R:255，G:255，B:153），最后用设置好的颜色填充芭蕉杆图形，效果如图2-114所示。

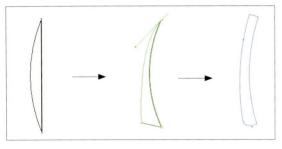

图 2-113

图 2-114

③将芭蕉杆、芭蕉叶和芭蕉座组合起来，然后按F8键将其转换为影片剪辑，如图2-115所示。

（4）绘制土丘

①使用钢笔工具 ✒ 绘制出小土丘的路径，然后绘制出背光区和高光区，如图2-116所示。

②分别为受光区、背光区和高光区填充颜色，受光区填充颜色为（R:141，G:128，B:5），背光区填充颜色为（R:113，G:102，B:4），高光区填充颜色为（R:252，G:241，B:150），填充颜色后删除轮廓线，效果如图2-117所示。

图 2-115

图 2-116

图 2-117

（5）绘制小草与远景

①按Ctrl+G组合键新建一个空组合，然后单击"工具箱"中的铅笔工具 ✏，再绘制出青草轮廓，如图2-118所示。

注意：

使用铅笔工具 ✏ 绘制平滑路径时，需要将"铅笔模式"设置为"平滑"模式，绘制出来的线条才有平滑感，如图2-118所示。

②设置青草区域的填充颜色为（R:80，G:137，B:33），然后填充图形，再双击空白处退出组合区，如图2-119所示。

③采用同样的方法绘制出沙滩与湖泊的轮廓，如图2-120所示。

图 2-118　　　　　　　　　　图 2-119　　　　　　　　　　图 2-120

④设置沙滩受光区的填充颜色为（R:163，G:123，B:50），背光区的填充颜色为（R:163，G:118，B:79）；设置湖泊填充颜色的类型为"线性"，然后设置第 1 个色标颜色为（R:163　G:123　B:50），第 2 个色标颜色为（R:125，G:232，B:219），填充效果如图 2-121 所示。

⑤将制作好的图形全部整合起来，然后复制一个芭蕉树到土丘后面，再设置这个芭蕉树的颜色为40% 的黑色调，效果如图 2-122 所示。

⑥采用相同的方法绘制出远处的山坡与野草，效果如图 2-123 所示。

图 2-121　　　　　　　　图 2-122　　　　　　　　　　图 2-123

（6）绘制小草与远景

①绘制出一个与舞台相同大小的矩形，再打开"颜色"面板，设置类型为"径向渐变"，然后设置第 1 个色标颜色为（R:255，G:255，B:255），第 2 个色标颜色为（R:252，G:249，B:244），第 3 个色标颜色为（R:232，G:309，B:176），第 4 个色标颜色为（R:224，G:199，B:152），最后用设置好的颜色填充矩形，并调整好渐变形状，如图 2-124 所示。

②使用铅笔工具 绘制出云朵路径，然后分别制作出受光区和背光区，如图 2-125 所示。

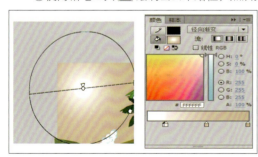

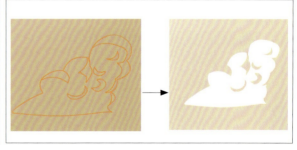

图 2-124　　　　　　　　　　　　图 2-125

③将云朵放置于合适的位置，保存文档，最终效果图如图 2-126 所示。

2.4.5　素材的获取

①执行菜单命令"文件"→"导入…"，打开"导入"对话框。

②在"导入"对话框中搜寻到目标图片文件，并单击"打开"确认。

每次从外部导入的矢量图，可以像绘制出来的图形一样直接在舞台上进行编辑。对于输入的外部位图文件，由于输入后即转变成了元件（不同的书中也称"组件"或"素材"等），所以此位图不仅导入在舞台上，同时也保存到了库中。

　　用户可以从库中观看到导入的位图，操作方法为：导入位图后，执行菜单命令"窗口"→"库"，即可从库中看到刚导入的位图，如图 2-127 所示。

　　除此之外，使用"复制"→"粘贴"方式，同样可以将其他软件中的图片引入 Flash 中来。

图 2-126

图 2-127　从外部导入图片

文本的编辑

本任务课时数：4 课时
由四个任务组成

1　知识点讲解
学习目标：
掌握静态文本、动态文本、输入文本的用法

2　名片制作
学习目标：
（1）由案例效果能分析得出设计思路
（2）熟知完成本任务所需的相关知识和技能点
（3）能独立完成名片制作
（4）知道如何加载更多字体

3　创意海报的制作
学习目标：
（1）由案例效果能分析得出设计思路
（2）熟知完成本任务所需的相关知识和技能点
（3）能独立完成创意海报的制作

4　菜谱的制作
学习目标：
（1）由案例效果能分析得出设计思路
（2）熟知完成本任务所需的相关知识和技能点
（3）能独立完成菜谱的制作

知识点讲解

Flash CS6 提供了 3 种文本类型。第 1 种文本类型是静态文本，主要用于制作文档中的标题、标签或其他文本内容；第 2 种文本类型是动态文本，主要用于显示根据用户指定条件而变化的文本，例如，可以使用动态文本字段添加存储在其他文本字段中的值（比如两个数字的和）；第 3 种文本类型是输入文本，通过它可以实现用户与 Flash 应用程序间的交互， 例如在表单中输入用户的姓名或者其他信息。

3.1.1　静态文本

选择工具箱中的文本工具，在"属性"面板中就会显示出如图 3-1 所示的相关属性设置。用户可以选择文本的下列属性：字体、磅值、样式、颜色、间距、字距调整、基线调整、对齐、页边距、缩进和行距等。

（1）创建不断加宽的文本块

用户可以定义文本块的大小，也可以使用加宽的文字块以适合所书写文本。

创建不断加宽的文本块的方法如下所述。

①选择工具箱中的文本工具，然后在文本"属性"面板中设置参数，如图 3-2 所示。

②确保未在工作区中选定任何时间帧或对象的情况下，在工作区中的空白区域单击， 然后输入文字"www.×××××××.com.cn"， 此时，在可加宽的静态文本右上角会出现一个圆形控制块，如图 3-3 所示。

图 3-1　文本的"属性"面板　图 3-2　设置文本属性

www.×××××××.com.cn

图 3-3　直接输入文本

（2）创建宽度固定的文本块

除了能创建一行在键入时不断加宽的文本以外，用户还可以创建宽度固定的文本块。向宽度固定的文本块中输入的文本在块的边缘会自动换到下一行。

创建宽度固定的文本块的方法如下所述：

①选择工具箱中的文本工具，然后在文本"属性"面板中设置参数，如图 3-2 所示。

②在工作区中拖动鼠标来确定固定宽度的文本块区域，然后输入文字"www.Chinadv. com.cn"，此时，在宽度固定的静态文本块右上角会出现一个方形的控制块，如图 3-4 所示。

提示：可以通过拖动文本块的方形控制块来更改它的宽度。另外，还可通过双击方形控制块将它转换为圆形扩展控制块。

图 3-4　在固定宽度的文本块区域输入文本

3.1.2　动态文本

在运行时，动态文本可以显示外部来源中的文本。下面创建一个链接到外部文本文件的动态文本字段，假设要使用的外部文本文件的名称为××××××.com.cn.txt，具体创建方法如下所述。

①选择工具箱中的文本工具，然后在文本属性面板中设置参数，如图3-5所示。

②在工作区两条水平线之间的区域中拖动，以创建动态文本字段，如图3-6所示。

③在"属性"面板的"实例名称"文本框中，将该动态文本字段命名为"××××××"，如图3-7所示。

图 3-5　设置文本属性

图 3-6　创建动态文本字段

图 3-7　输入实例名

3.1.3　输入文本

使用输入文本字段可以使用户有机会与 Flash 应用程序进行交互。例如，使用输入文本字段，可以方便地创建表单。

在后面的章节中将讲解如何使用输入文本字段将数据从 Flash 发送到服务器。下面添加一个可供用户在其中输入名字的文本字段，创建方法如下所述。

①选择工具箱中的文本工具，然后在文本"属性"面板中设置参数，如图3-8所示。

提示：

激活在文本周围显示的边框 ▢ 按钮，可用可见边框标明文本字段的边界。

②在工作区中单击，即可创建输入文本，如图 3-9 所示。

3.1.4　创建分离文本

创建分离文本的方法如下所述。

①选择工具箱中的选择工具，然后单击工作区中的文本块。

②执行菜单中的"修改|分离"命令，则选定文本中的每个字符会被放置在一个单独的文本块中，且文本依然在舞台的同一位置上，如图 3-10 所示。

③再次执行菜单中的"修改|分离"（快捷键 Ctrl+B）命令，从而将舞台上的字符转换为形状。

提示：

分离命令只适用于轮廓字体，如 TrueType 字体。当分离位图字体时，它们会从屏幕上消失。

图 3-8　设置文本属性

请输入姓名：▢

图 3-9　创建输入文本

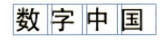

图 3-10　分离文本

名片制作

3.2.1 案例效果

名片制作案例效果如图 3-11 所示。

用所给的素材应用文本工具，做成如图 3-12 所示效果。

图 3-11 案例效果图

图 3-12

3.2.2 设计思路

为所给定的名片背景图片添加文字信息，包括添加背景的大体文字，公司名称、地址和电话，以及姓名和职位 3 大操作步骤。

3.2.3 相关知识和技能点

首先必须了解名片的尺寸，名片一般长为 85.60mm、宽为 53.98mm、厚为 1mm，该尺寸大小是由 ISO 7810 定义，且卡片一般为圆角矩形。为了方便设计与制作，大部分卡片设计时一般设计为成品尺寸长 85mm、高 55mm，或长 86mm、高 54mm。由于在 Flash 中绘制的是矢量图形，因此只需比例正确即可。

另外需要注意名片背景与文字颜色之间的对比，文字在名片中占的比例、文字的大小，以及文字与名片边线的距离等。在设置时，还应注意整体的统一。

3.2.4 任务实施

①双击打开素材 3.2，如图 3-13 所示。

②选择文本工具，输入"BLUERAIN"。在窗口中调出属性面板，设置字体为"华文琥珀"，颜色为白色"#FFFFFF"，"Alpha"值为"50%"。然后用任意变形工具调整文字大小和位置，如图3-14所示。

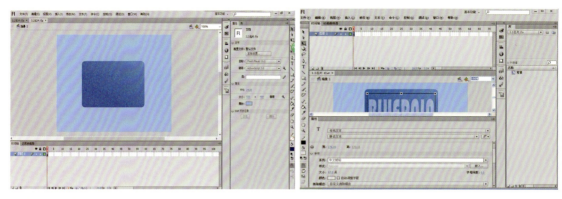

图3-13 素材3.2 名片　　　　　　　　　　　　　　图3-14

注意：

颜色： □ **自动调整字距** 处的自动调整字距不能勾选。

③选择文本工具，选择"传统"文本，输入右上角的公司名称和左下角的地址及联系电话，并设置颜色为"66FFFF"，字体为"幼圆"，其公司名称字号为"13"，地址及电话字号为"10"，然后用移动工具调整文本的位置，如图3-15、图3-16所示。

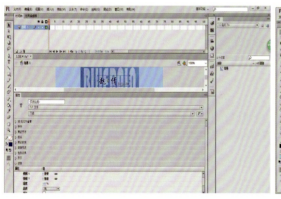

图3-15　　　　　　　　　　　　　　　　　　　　　图3-16

④使用TLE文本工具，输入"赵情总经理"文本，字号为"27"，字体为"华文行楷"，颜色为"000099"。分别在"赵"和"倩"两字之后定位文本插入点，按空格键使其距离加大。

选中"总经理"文本，将字体改为"幼圆"，在"字符"栏中单击"切换下标"按钮，在"高级字符"的"对齐基线"下拉列表中选择"罗马文字"选项，如图3-17所示。

⑤用选择工具选中姓名职位文本，为其添加"发光"滤镜，将"发光"滤镜的模糊值设置为"8像素"，颜色设置为白色"#FFFFFF"，最后保存设置好的名片，如图3-18所示。

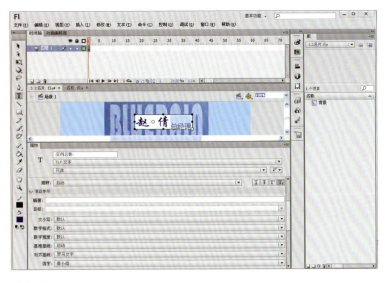

图 3-17

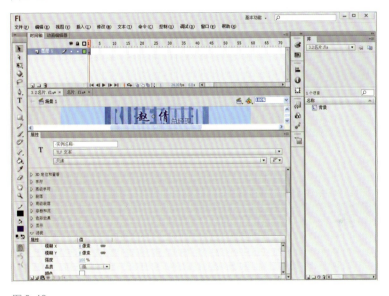

图 3-18

3.2.5 加载更多字体

在计算机中安装字体的步骤如下：

开始→运行 Fonts，单击确定后，将下载好的字体文件拉进 Fonts 目录即可。需要注意的是：下载的字体一般都是压缩包，一定要先解压。

3.3 创意海报的制作

3.3.1 案例效果

用文本工具制作创意海报的效果，如图 3-19、图 3-20 所示。

图 3-19

图 3-20

3.3.2 相关知识和技能点

文本工具的使用，文字竖排效果、变形文字等。

3.3.3 任务实施

①新建一个蓝色背景的，1 024 像素 ×700 像素的文档。

②用直线工具绘制右边的线条并填充颜色。然后用画笔工具绘制灯泡。

③用文本工具进行文字录入，格式设置为竖排文本。

具体完成步骤如图 3-21 至图 3-26 所示。

图 3-21

图 3-22

图 3-23

图 3-24

图 3-25

图 3-26

④新建一个图层，逐帧增加一个小圆点，如图 3-27、图 3-28 所示。

⑤测试影片，任务完成。

图 3-27

图 3-28

3.4 菜谱的制作

3.4.1 案例效果

使用创建宽度固定文本块的方式制作菜谱，效果如图3-29所示。

图3-29　案例效果图

3.4.2　设计思路

先用Photoshop处理素材图片，然后用宽度固定的文本块创建文本，并对图片、文字进行编排。

3.4.3　相关知识和技能点

素材图片的使用、创建宽度固定的文本块。

3.4.4　任务实施

①新建一个1 024像素 ×700像素的文件，填充黑色，背景即设置完毕，如图3-30所示。

图3-30

②首先制作右边菜单的内容。找 4 张内容为徽州代表菜的图片，并将 4 张图片导入库，放到菜单背景上，调整大小。然后制作右边菜单的背景，找到菜单背景和素材 1、2、3、4，用 Photoshop 软件打开，将模式调为正片叠底，并调整透明度，效果如图 3-31 所示。

③用宽度固定的文本块创建文本，并写上菜名，并加上对 4 个菜品的简单注解，如图 3-32 所示。

④制作左边菜单的首页。打开一张徽州菜馆的图片，将方形修改为圆形，放至合适位置，选择合适的位置写上"徽州菜谱"4 个字，如图 3-33 所示。

图 3-31

图 3-32

图 3-33

⑤对图片进行编组，即完成制作，如图 3-34 所示。

图 3-34

逐帧动画

本任务课时数：4 课时
由三个任务组成

1 知识点讲解

2 人物行走

3 打字效果

学习目标：
（1）掌握时间轴和帧的概念
（2）由案例效果能分析得出设计思路
（3）熟知完成各任务所需的相关知识和技能点
（4）能举一反三自己动手设计制作逐帧动画

知识点讲解

4.1.1　时间轴

在 Flash 软件中，动画的制作是通过时间轴面板进行操作的，在时间轴的左侧为层操作区，右侧为帧操作区，如图 4-1 所示。时间轴是 Flash 动画制作的核心部分，可以通过执行菜单中的"窗口—时间轴"（快捷键 Ctrl+Alt+T）命令，对其进行隐藏或显示。

4.1.2　帧的概念

实际上，制作一个 Flash 动画的过程其实就是对每一帧进行操作的过程，通过在时间轴面板右侧的帧操作区中进行各项帧操作，可以制作出丰富多彩的动画效果，其中，每一帧代表一个画面。

1）创建普通帧、关键帧与空白关键帧

Flash 中帧的类型主要有普通帧、关键帧和空白关键帧 3 种。在默认情况下，新建 Flash 文档包含一个图层和一个空白关键帧。用户可以根据需要，在时间轴面板中创建任意多个普通帧、关键帧与空白关键帧。图 4-2 所示为普通帧、关键帧与空白关键帧在时间轴中的显示状态。

图 4-1　时间轴面板

图 4-2　普通帧、关键帧与空白关键帧在时间轴中的显示状态

（1）创建普通帧

普通帧用于延续上一个关键帧或者空白关键帧的内容，并且前一关键帧与该帧之间的内容完全相同，改变其中的任意一帧，其后的各帧也会发生改变，直到下一个关键帧为止。在 Flash 中创建普通帧有下述两种方法。

①执行菜单中的"插入"→"时间轴"→"帧"命令，或按快捷键（F5），即可插入一个普通帧。

②在时间轴面板需要插入普通帧的地方单击鼠标右键，在弹出的快捷菜单中选择"插入帧"命令，即可插入一个普通帧。

（2）创建关键帧

关键帧是指与前一帧有更改变换的帧。Flash 可以在关键帧之间创建补间或填充帧，从而生成流畅的动画。创建关键帧的方法有下述两种。

①执行菜单中的"插入"→"时间轴"→"关键帧"命令，或按快捷键（F6），即可插入一个关键帧。

②在时间轴面板需要插入关键帧的地方单击鼠标右键，在弹出的快捷菜单中选择"插入关键帧"命令，即可插入一个关键帧。

（3）创建空白关键帧

空白关键帧是一种特殊的关键帧类型，在空白关键帧状态下，舞台中没有任何对象存在，当用户在舞台中自行加入对象后，该帧将自动转换为关键帧。反之，将关键帧中的对象全部删除，则该帧又会转换为空白关键帧。

2）选择帧

选择帧是对帧进行各种操作的前提，选择相应帧的同时也就选择了该帧在舞台中的对象。在 Flash 动画制作过程中，可以选择同一图层中的单帧或多帧，也可以选择不同图层的单帧或多帧，选中的帧会以蓝色背景进行显示。选择帧有下述 5 种方法。

（1）选择同一图层的单帧

在时间轴面板右侧的时间线上单击即可选中单帧，如图 4-3 所示。

（2）选择同一图层相邻的多帧

在时间轴面板右侧的时间线上单击，选择单帧，然后在按住 Shift 键的同时，再次单击， 即可将两次单击的帧以及它们之间的帧全部选择，如图 4-4 所示。

（3）选择相邻图层的单帧

选择时间轴面板上的单帧后，在按住 Shift 键的同时单击不同图层的相同单帧，即可将相邻图层的同一帧进行选择，如图 4-5 所示。此外，在选择单帧的同时向上或向下拖拽， 同样可以选择相邻图层的单帧。

图 4-3 选择同一图层的单帧　　图 4-4 选择同一图层相邻的多帧　　图 4-5 选择相邻图层的单帧

（4）选择相邻图层的多个相邻帧

选择时间轴面板上的单帧后，在按住 Shift 键的同时单击相邻图层的不同帧，即可选择不同图层的多帧，如图 4-6 所示。此外，在选择多帧的同时向上或向下拖拽鼠标，同样可以选择相邻图层的多帧。

（5）选择不相邻的多帧

在时间轴面板右侧的时间线上单击，选择单帧，然后在按住 Ctrl 键的同时再次单击其他帧，即可选择不相邻的帧，如图 4-7 所示。

图 4-6 选择相邻图层的多个相邻帧　　　　图 4-7 选择不相邻的单帧

3）剪切帧、复制帧和粘贴帧

在 Flash 中不仅可以剪切、复制和粘贴舞台中的动画对象，而且还可以剪切、复制、粘贴图层中的动画帧，这样就可以将一个动画复制到多个图层中，或者复制到不同的文档中， 从而使动画制作更加轻松快捷，大大提高了工作效率。

（1）剪切帧

剪切帧是将选择的各动画帧剪切到剪贴板中，以作备用。在 Flash 软件中，剪切帧的方法主要有下述两种。

①选择各帧，然后执行菜单中的"编辑"→"时间轴"→"剪切帧"命令，或者按快捷键 Ctrl+Alt+X，即可剪切选择的帧。

②选择各帧，然后在时间轴面板中单击鼠标右键，在弹出的快捷菜单中选择"剪切帧"命令，同样可以将选择的帧进行剪切。

（2）复制帧

复制帧是将选择的各帧复制到剪贴板中，以作备用。与剪切帧的不同之处在于原来的帧内容依然存在。在 Flash 软件中，复制帧的常用方法有下述 3 种。

①选择各帧，然后执行菜单中的编辑"→"时间轴"→"复制帧"命令，或者按快捷键 Ctrl+Alt+C，即可复制选择的帧。

②选择各帧，然后在时间轴面板中单击鼠标右键，在弹出的快捷菜单中选择"复制帧"命令，同样可复制选择的帧。

③选择需要复制的帧，此时光标显示为图标，然后在按住 Alt 键的同时进行拖拽，当拖拽到合适位置时释放鼠标，即可将选择的帧复制到该处。

（3）粘贴帧

粘贴帧就是将剪切或复制的各帧进行粘贴操作，粘贴帧的方法有下述两种。

①将鼠标放置在时间轴面板需要粘贴的帧处，然后执行菜单中的"编辑"→"时间轴"→"粘贴帧"命令，或者按快捷键 Ctrl+Alt+V，即可将剪切或复制的帧粘贴到该处。

②将鼠标放置在时间轴面板需要粘贴的帧处，然后单击鼠标右键，从弹出的快捷菜单中选择"粘贴帧"命令，同样可以将剪切或复制的帧粘贴到该处。

4）移动帧

在制作 Flash 动画的过程中，除了可以利用前面介绍的剪切帧、复制帧和粘贴帧的方法调整动画帧的位置外，还可以按住鼠标直接进行动画帧的移动操作。具体操作方法为：选择需要移动的帧，此时光标显示为图标，然后按住鼠标左键将它们拖拽到合适的位置，再释放鼠标完成所选帧的移动操作。如图 4-8 所示为移动帧的过程。

（a）选择的各帧　　　　　　　（b）拖拽时的显示　　　　　　　（c）移动后的各帧

图 4-8　移动帧的过程

5）删除帧

在制作 Flash 动画的过程中，如果有错误或多余的动画帧，需要将其删除。删除帧的方法有下述两种。

①选择需要删除的各帧，然后单击鼠标右键，在弹出的快捷菜单中选择"删除帧"命令，即可将选择的帧全部删除。

②选择需要删除的各帧，然后按快捷键 Shift+F5，同样可将选择的各帧进行删除。

6）翻转帧

Flash 中的翻转帧就是将选择的一段连续帧的序列进行头尾翻转，也就是说，将第 1 帧转换为最后一帧，最后一帧转换为第 1 帧，且第 2 帧与倒数第 2 帧进行交换，其余各帧以此类推，直到全部交换完毕为止。该命令仅对连续的各帧有作用，如果是单帧则不起作用。翻转帧的方法有下述两种。

①选择各帧，然后执行菜单中的"修改"→"时间轴"→"翻转帧"命令，可以将选择的帧进行头尾翻转。

②选择各帧，然后在时间轴面板中单击右键，在弹出的快捷菜单中选择"翻转帧"命令，同样可以翻转选择的帧。

4.1.3　逐帧动画

逐帧动画是动画中最基本的类型，其与传统的动画制作方法类似，制作原理是在连续的关键帧中分解动画，即使每一帧中的内容不同，但可连续播放形成动画。

在制作逐帧动画的过程中，需要动手制作每一个关键帧中的内容，因此工作量极大，动画文件也较大，并且要求用户有比较强的逻辑思维和一定的绘图功底。逐帧动画适合表现一些细腻的动画，例如 3D 效果、面部表情、走路和转身等。

1）利用外部导入方式创建逐帧动画

外部导入方式是逐帧动画最为常用的方法。用户可以将在其他应用程序中创建的动画文件或者图形图像序列导入 Flash 软件中。具体导入方法为：执行菜单中的"文件"→"导入"→"导入舞台"命令，在弹出的"导入"对话框中选择"配套光盘＼素材及结果＼2.5.1 逐帧动画＼1.gif"文件，如图 4-9 所示，单击"打开"按钮，然后在弹出的如图 4-10 所示的提示对话框中单击"是"按钮，即可将序列中的全部图片导入舞台。此时，每一张图片会自动生成一个关键帧，并存放在"库"面板中，如图 4-11 所示。

图 4-10　单击"是"按钮

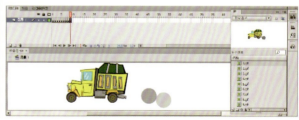

图 4-9　选择"1.gif"文件

图 4-11　将序列图片导入舞台

2）在 Flash 中制作逐帧动画

除了前面使用外部导入的方式创建逐帧动画外，还可以在 Flash 软件中制作每一个关键帧中的内容，从而创建逐帧动画。图 4-12 所示为利用逐帧绘制方法制作出的人物走路的画面分解图。

然后在时间轴上插入 12 个关键帧，在每一个关键帧上分别拖入对应的分解图。

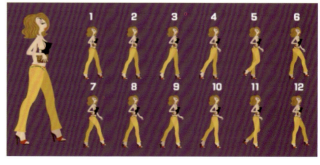

图 4-12　逐帧绘制人物走路的画面分解图

人物行走

4.2.1　案例效果

一幅小人行走的动画案例效果如图 4-13 所示。

图 4-13　案例效果图

4.2.2　设计思路

熟悉小人行走的各个画面，根据人体行走的姿势制作出角色行走的动画效果图，然后放进关键帧中。

4.2.3　相关知识和技能点

掌握人物行走的关键动作，掌握逐帧动画的制作方法。理解关键帧与帧的区别。

4.2.4　任务实施

①根据人体行走的姿势画出小人行走的各个关键步骤，如图 4-14 所示。

图 4-14　画出小人行走的各个关键步骤

②分别将这几个形象放置在不同的关键帧上，如图 4-15 所示。注意角色在行走时，头会高低起伏地上下移动，当迈步时头部略低，当一脚着地另一只脚迈出时头部略高，然后调整其位置，如图 4-16 所示。

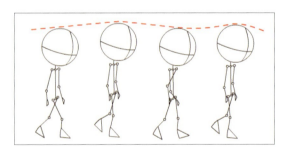

图 4-15

图 4-16

打字效果

4.3.1 案例效果

案例效果如图 4-19 所示。

4.3.2 设计思路

用逐帧动画制作简单的打字效果。

4.3.3 相关知识和技能点

静态文本工具的使用，逐帧动画的应用，关键帧、空白关键帧、帧的区别与应用。

4.3.4 任务实施

①将素材导入舞台，按 Ctrl+F3 组合键，弹出文档 "属性" 面板，查看到素材图片的大小为宽 720 像素，高 470 像素。 单击舞台背景，将大小调为宽 720 像素，高 470 像素，如图 4-17 所示。

②调整好背景图片与舞台的位置关系，使之完全重合。新建一个文字图层，在第 10 帧插入关键帧，输入 "生日快乐" 几个字，如图 4-18 所示。

图 4-17

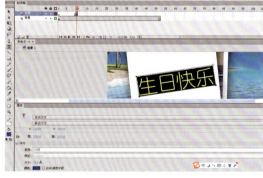

图 4-18

③分别在文字图层的第 20、30、40 帧处插入关键帧，第 50 帧处插入帧，如图 4-19 所示。

图 4-19

④在文字图层上，单击第 10 帧，删除"日快乐"，单击第 20 帧，删除"快乐"，单击 30 帧，删除"乐"，如图 4-20 所示。

⑤按 Ctrl+Enter 查看效果。

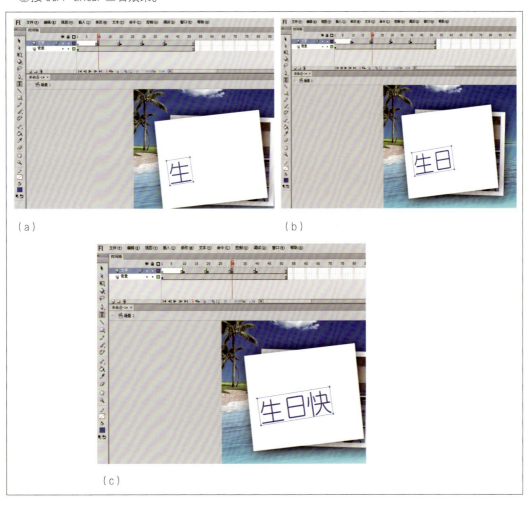

（a）　　　　　　　　　　　　　　　（b）

（c）

图 4-20

补间动画

本任务课时数：6 课时
由三个任务组成

1　知识点讲解

2　电子贺卡的制作

3　电子相册的制作

学习目标：
（1）掌握图层、元件实例概念
（2）掌握传统补间动画、补间形状动画、补间
动画（CS6 新增）的用法，并知道彼此的区别
（3）由案例效果能分析得出设计思路
（4）熟知完成各任务所需的相关知识和技能点
（5）能举一反三自己动手设计制作补间动画

5.1

知识点讲解

5.1.1 图层操作

1）创建图层

与 Photoshop 相同，Flash 图层也好比一张张透明的纸。首先需要在一张张透明的纸上分别作画，然后再将它们按一定的顺序进行叠加，以便各层操作相互独立，互不影响。

Flash 软件的图层位于时间轴面板的左侧，其结构如图 5-1 所示。在最顶层的对象将始终显示于最上方，图层的排列顺序决定了舞台中对象的显示情况。在舞台中图层可以设置任意数量，如果时间轴面板中图层数量过多的话，可以通过上下拖动右侧的滑动条观察被隐藏的图层。

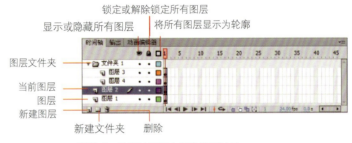

图 5-1 时间轴面板左侧的图层结构

（1）通过按钮创建

单击时间轴面板下方的新建图层按钮可以创建新图层，每单击一次便会创建一个普通图层，如图 5-2 所示；单击时间轴面板下方的新建文件夹按钮可以创建图层文件夹，同样，每单击一次便会创建一个图层文件夹，如图 5-3 所示。

图 5-2 单击"新建图层"按钮新建图层

图 5-3 单击"新建文件夹"按钮新建文件夹

（2）通过菜单命令创建

执行菜单中的"插入"→"时间轴"→"图层"或"插入"→"时间轴"→"图层文件夹"命令，同样可以创建图层和图层文件夹。

（3）通过时间轴面板右键菜单创建

在时间轴面板左侧的图层处单击鼠标右键，从弹出的快捷菜单中选择"插入图层"或"插入文件夹"命令，同样可以创建图层和图层文件夹。

2）重命名图层或图层文件夹名称

在时间轴面板中新建图层或图层文件夹后，系统会自动依次将其命名为"图层1""图层2"…… 和"文件夹1""文件夹2"…… 为了方便管理，用户可以根据需要自行设置名称，但是一次只能重命名一个图层或图层文件夹。重命名图层或图层文件夹名称的方法很简单，首先在时间轴面板的某个图层（或图层文件夹）的名称处快速双击，使其进入编辑状态，然后输入新的图层名称，再按 Enter 键即可完成重命名操作。

3）选择图层与图层文件夹

选择图层与图层文件夹是 Flash 图层编辑中最基本的操作，如果要对某个图层或图层文件夹进行编辑，必须先选择它。在 Flash 软件中选择图层与图层文件夹的操作方法相同，可以只选择一个图层，也可以选择多个连续或不连续的图层（或图层文件夹）。选择的图层（或图层文件夹）会以蓝色背景显示

（1）选择单个图层或图层文件夹

在时间轴面板左侧的图层（或图层文件夹）名称处单击，即可将该层或图层文件夹直接选择，如图5-4所示。

图 5-4　选择单个图层　　　　　　　　图 5-5　选择多个连续的图层

（2）选择多个连续的图层或图层文件夹

在时间轴面板中选择第1个图层（或图层文件夹），然后在按住 Shift 键的同时选择最后一个图层（或图层文件夹），即可将第1个与最后1个图层（或图层文件夹）中的所有图层（或图层文件夹）全部选择，如图5-5所示。

（3）选择多个不连续的图层或图层文件夹

在时间轴面板中，按住 Ctrl 键的同时单击选择的图层（或图层文件夹）名称，可以进行间隔选择，如图5-6所示。

4）调整图层与图层文件夹顺序

在时间轴面板创建图层或图层文件夹时，会按自下向上的顺序进行添加。当然，在动画制作的过程中，用户可以根据需要通过拖拽的方法更改图层（或图层文件夹）的排列顺序， 并且还可将图层与图层文件夹放置到同一个图层文件夹中。

图 5-6　选择多个不连续的图层

5.1.2　元件实例

可以通过工作区中选定的对象来创建元件；也可以创建一个空元件，然后在元件编辑模式下制作或

导入相应的内容; 还可以在 Flash 中创建字体元件。元件可以拥有在 Flash 中创建的所有功能, 包括动画。

通过使用包含动画的元件, 用户可以在很小的文件中创建包含大量动作的 Flash 应用程序。如果有重复或循环的动作, 例如, 像鸟的翅膀上下翻飞这种动作, 应该考虑在元件中创建动画。

5.1.3　传统补间动画

传统补间动画是 Flash 中较为常见的基本动画类型, 使用它可以制作出对象的位移、变形、旋转、透明度、滤镜及色彩变化等动画效果。

与前面介绍的逐帧动画不同, 使用传统补间创建动画时, 只要将两个关键帧中的对象制作出来即可。在两个关键帧之间的过渡帧由 Flash 自动创建, 并且只有关键帧是可以进行编辑的, 而各过渡帧虽然可以查看, 但是不能直接进行编辑。除此之外, 在制作时还需要满足下述条件。

①在一个动画补间动作中至少要有两个关键帧。

②两个关键帧中的对象必须是同一个对象。

③两个关键帧中的对象必须有一些变化, 否则制作的动画将没有动作变化的效果。

1）创建传统补间动画

传统补间动画的创建方法有下述两种。

（1）通过右键菜单创建传统补间动画

首先在时间轴面板中选择同一图层的两个关键帧之间的任意一帧, 然后单击右键, 在弹出的快捷菜单中选择"创建传统补间"命令, 如图 5-7 所示, 这样就在两个关键帧之间创建出了传统补间动画, 所创建的传统补间动画会以一个浅蓝色背景显示, 并且在关键帧之间有一个箭头, 如图 5-8 所示。

通过右键菜单除了可以创建传统补间动画外, 还可以取消已经创建好的传统补间动画。具体方法为: 选择已经创建的传统补间动画的两个关键帧之间的任意一帧, 然后单击右键, 在弹出的快捷菜单中选择"删除补间"命令, 如图 5-9 所示, 即可取消补间动作。

图 5-7　选择"创建传统补间"命令

（2）使用菜单命令创建传统补间动画

在使用菜单命令创建传统补间动画的过程中, 同样需要选择同一图层两个关键帧之间的任意一帧, 然后执行菜单中的"插入"→"补间动画"命令; 如果要取消已经创建好的传统补间动画, 可以选择已经创建的传统补间动画的两个关键帧之间的任意一帧, 然后执行菜单中的"插入"→"删除补间"命令。

5.1.4　补间形状动画

补间形状动画用于创建形状变化的动画效果, 使一个形状变成另一个形状, 同时可以设置图形的形状、位置、大小和颜色的变化。

图 5-8　"创建传统补间"后的时间轴

图 5-9　选择"删除补间"命令

补间形状动画的创建方法与传统补间动画类似, 只要创建出两个关键帧中的对象, 其他过渡帧便可通过 Flash 自行制作出来。当然, 创建补间形状动画还需要满足下述条件。

①在一个补间形状动画中至少要有两个关键帧。

②两个关键帧中的对象必须是可编辑的图形，如果是其他类型的对象，则必须将其转换为可编辑的图形。

③两个关键帧中的图形必须有一些变化，否则制作的动画将没有动的效果。

1）创建补间动画

当满足了上述条件后，就可以制作补间形状动画。与传统补间动画类似，创建补间形状动画也有两种方法。

（1）通过右键菜单创建补间形状动画

选择同一图层的两个关键帧之间的任意一帧，然后单击鼠标右键，从弹出的菜单中选择"创建补间形状"命令，如图 5-10 所示，这样就在两个关键帧之间创建出了补间形状动画，所创建的补间形状动画会以一个浅绿色背景进行显示，并且在关键帧之间有一个箭头，如图 5-11 所示。

图 5-10　选择"创建补间形状"命令　　　图 5-11　"创建补间形状"后的时间轴

提示:

如果创建后的补间形状动画以一条绿色背景的虚线段表示，则说明补间形状动画没有创建成功，原因是两个关键帧中的对象可能没有满足创建补间形状动画的条件。

如果要删除创建的补间形状动画，其方法与前面介绍的删除传统补间动画相同。只要选择已经创建的补间形状动画的两个关键帧之间的任意一帧，然后单击右键，从弹出的快捷菜单中选择"删除补间"命令即可。

（2）使用菜单命令创建补间形状动画

与前面制作传统补间动画的方法相同，首先要选择同一图层两个关键帧之间的任意一帧，然后执行菜单中的"插入"→"补间形状"命令，即可在两个关键帧之间创建补间形状动画；如果要取消已经创建好的补间形状动画，可以选择已经创建的补间形状动画的两个关键帧之间的任意一帧，然后执行菜单中的"插入"→"删除补间"命令即可。

2）补间形状动画属性设置

补间形状动画的属性同样可以通过属性面板的"补间"选项进行设置。首先选择已经创建的补间形状动画的两个关键帧之间的任意一帧，然后调出属性面板，如图 5-12 所示，在其"补间"选项中设置动画的运动速度、混合等属性即可。其中的"缓动"参数设置请参考前面介绍的传统补间动画。

混合有"分布式"和"角形"两个选项可供选择。其中，"分布式"选项创建的动画中间形状更为平滑和不规则；"角形"选项创建的动画中间形状会保留有明显的角和直线。

图 5-12　补间形状动画的"属性"面板

3）使用形状提示控制形状变化

在制作补间形状动画时，如果要控制复杂的形状变化，那么就会出现变化过程杂乱无章的情况，这时可以通过执行菜单中的"修改"→"形状"→"添加形状提示"命令，为动画中的图形添加形状提示点，通过形状提示点可以指定图形如何变化，并且可以控制更加复杂的形状变化。

5.1.5　补间动画（Flash CS6 新增）

补间动画不仅可以大大简化 Flash 动画的制作过程，而且还提供了更大程度的控制。在 Flash CS6 中，补间动画是一种基于对象的动画，不再是作用于关键帧，而是作用于动画元件本身，从而使 Flash 的动画制作更加专业。

1）补间动画与传统补间动画的区别

Flash CS6 软件支持传统补间动画和补间动画两种不同类型的补间动画类型，两种补间动画类型存在下述差别。

①传统补间动画是基于关键帧的动画，是通过两个关键帧中两个对象的变化来创建的动画，其中关键帧是显示对象实例的帧；而补间动画是基于对象的动画，整个补间范围只有一个动画对象，动画中使用的是属性关键帧而不是关键帧。

②补间动画在整个补间范围上只有一个对象。

③补间动画和传统补间动画都只允许对特定类型的对象进行补间。如果应用补间动画，则在创建补间时会将所有不允许的对象类型转换为影片剪辑元件；而应用传统补间动画会将这些对象类型转换为图形元件。

④补间动画会将文本视为可补间的类型，而不会将文本对象转换为影片剪辑；传统补间动画则会将文本对象转换为图形对象。

⑤补间动画不允许在动画范围内添加帧标签，而传统补间则允许在动画范围内添加帧标签。

⑥补间目标上的任何对象脚本都无法在补间动画的过程中更改。

⑦在时间轴中可以将补间动画范围视为对单个对象进行拉伸以及调整大小，而传统补间动画则是对补间范围的局部或整体进行调整。

⑧如果要在补间动画范围中选择单个帧，必须按住 Ctrl 键单击该帧；而传统补间动画中的单帧只需要直接单击即可选择。

⑨对于传统补间动画，缓动可应用于补间内关键帧之间的帧；对于补间动画，缓动可应用于补间动画范围的整个长度，如果仅对补间动画的特定帧应用缓动，则需要创建自定义缓动曲线。

⑩只能使用补间动画来为 3D 对象创建动画效果，而不能使用传统补间动画为 3D 对象创建动画效果。

⑪只有补间动画才能保存为预设。

⑫对于补间动画中属性关键帧无法像传统补间动画那样，对动画中单个关键帧的对象应用交互元件的操作，而是将整体动画应用于交互的元件；补间动画也不能在属性面板的"循环"选项下设置图形元件的"单帧"数。

2）创建补间动画

与前面的传统补间动画一样，补间动画对于创建对象的类型也有所限制，只能应用于元件的实例和文本字段，并且要求同一图层中只能选择一个对象。如果选择同一图层中的多个对象，将会弹出一个用于提示是否将选择的多个对象转换为元件的提示框，如图 5-13 所示。

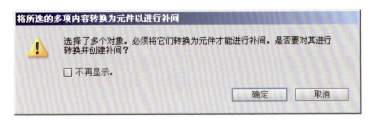

图 5-13　提示对话框

在创建补间动画时，对象所处的图层类型可以是系统默认的常规图层，也可以是比较特殊的引导层、遮罩层或被遮罩层。在创建补间动画后，如果原图层是常规图层，那么它将成为补间图层；如果是引导层、遮罩层或被遮罩层，那么它将成为补间引导、补间遮罩或补间被遮罩图层。

创建补间形状动画有下述两种方法。

（1）通过右键菜单创建补间动画

在时间轴面板中选择某帧，或者在舞台中选择对象，然后单击右键，在弹出的快捷菜单中选择"创建补间动画"命令，如图 5-14 所示，即可创建补间动画，如图 5-15 所示。

图 5-14　选择"创建补间动画"命令

图 5-15　"创建补间动画"后的时间轴

提示：

创建补间动画的帧数会根据所选对象在时间轴面板中所处位置的不同而有所不同。如果选择的对象处于时间轴面板的第 1 帧中，那么补间范围的长度等于 1 s 的持续时间，假定当前文档的"帧频"为 30 fps，那么在时间轴面板中创建补间动画的范围长度也是 30 帧；如果当前"帧频"小于 5 fps，则创建的补间动画的范围长度将为 5 帧；如果选择对象存在于多个连续的帧中，则补间范围将包含该对象占用的帧数。

如果要删除创建的补间动画，可以在时间轴面板中选择已经创建补间动画的帧，或者在舞台中选择已经创建补间动画的对象，然后单击右键，在弹出的快捷菜单中选择"删除补间"命令。

（2）使用菜单命令创建补间动画

除了使用右键菜单创建补间动画外，Flash CS6 还提供了创建补间动画的菜单命令。利用创建补间动画的菜单命令创建补间动画的方法为：首先在时间轴面板中选择某帧，或者在舞台中选择对象，然后执行菜单中的"插入"→"补间动画"命令。

3）在舞台中编辑属性关键帧

在 Flash CS6 中，"关键帧"和"属性关键帧"的性质不同，其中，"关键帧"是指舞台上实实在在有动画对象的帧，而"属性关键帧"则是指补间动画的特定时间或帧中为对象定义了属性值。

在舞台中可以通过变形面板或工具箱中的各种工具进行属性关键帧的各项编辑，包括位置、大小、旋转和倾斜等。如果补间对象在补间过程中更改舞台位置，那么在舞台中将显示补间对象在舞台上移动时所经过的路径，此时，可以通过工具箱中的选择工具、部分选择工具、任意变形工具，以及变形面板编辑补间的运动路径。

4）使用"动画编辑器"面板调整补间动画

在 Flash CS6 中通过动画编辑器可以查看所有补间属性和属性关键帧，从而对补间动画进行全面细致的控制。在时间轴面板中选择已经创建的补间范围，或者选择舞台中已经创建补间动画的对象后，再进入如图 5-16 所示的"动画编辑器"面板。在"动画编辑器"面板中自上向下有 5 个属性类别可供调整，分别为"基本动画""转换""色彩效果""滤镜"和"缓动"。其中，"基本动画"用于设置 X、Y 和 3D 旋转属性；"转换"用于设置倾斜和缩放属性。如果要设置"色彩效果""滤镜"和"缓动"属性，则必须首先单击（添加颜色、滤镜或缓动）按钮，然后在弹出的菜单中选择相关选项，将其添加到列表中才能进行设置。

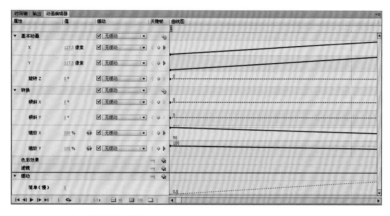

图 5-16 "动画编辑器"面板

通过"动画编辑器"面板不仅可以添加并设置各属性关键帧，还可以在右侧的"曲线图"中使用贝塞尔控件对大多数单个属性的补间曲线进行微调，并且允许创建自定义的缓动曲线。

5）在"属性"面板中编辑属性关键帧

除了可以使用前面介绍的方法编辑属性关键帧外，还可以通过属性面板进行一些编辑。首先在时间轴面板中将播放头拖拽到某帧处，然后选择已经创建好的补间范围，展开"属性"面板，显示"补间动画"的相关设置，如图 5-17 所示。

①缓动：用于设置补间动画的变化速率，可以在右侧直接输入数值进行设置。

②旋转：用于显示当前属性关键帧是否旋转，以及旋转次数、角度和方向。

③路径：如果当前选择的补间范围中的补间对象已经更改了舞台位置，则可以在此设置补间运动路径的位置和大小。其中，X 和 Y 分别代表属性面板第 1 帧对应的属性关键帧中对象的 X 轴和 Y 轴位置；宽度和高度用于设置运动路径的宽度和高度。

图 5-17 "属性"面板

④选项：勾选"同步图形元件"复选框，会重新计算补间的帧数，从而匹配时间轴上分配给它的帧数，使图形元件的动画和主时间轴同步。

电子贺卡的制作

5.2.1　案例效果

案例作品以红色为主色调，配上灯笼和鞭炮，当鼠标单击 4 个"福"字按钮时，则转动显示吉祥语，以突出节日的气氛，如图 5-18 所示。

图 5-18

5.2.2　设计思路

①制作影片剪辑元件"福字动""穗动"。

②制作 4 个"福"字按钮。

③制作灯笼和上部花纹。

④制作底图和鞭炮效果。

5.2.3　相关知识和技能点

掌握影片剪辑、按钮元件的制作，动作补间动画（传统）的应用，图层的作用。

5.2.4　任务实施

①打开软件，新建一个 **Fl** ActionScript 3.0 空白文档。

②按 Ctrl+J 快捷键，弹出文档设置对话框，将尺寸修改为 650 像素 ×400 像素。单击确定按钮，如图 5-19 所示。

③按 Ctrl+F8 快捷键，新建图形元件"福字"，将素材图片拖拽至舞台中，如图 5-20 所示。

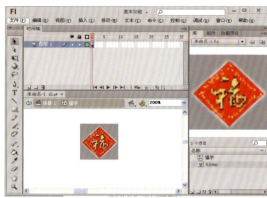

图 5-19   图 5-20

④新建影片剪辑元件"福字动"，将"福字"元件拖拽至舞台中，在第10帧、第20
帧处插入关键帧。按Ctrl+T快捷键调出"变形"面板，在第10帧处缩放宽度为4%，如图5-21
所示。在第1~10帧、第10~20帧之间创建传统补间动画，如图5-22所示。

图 5-21

⑤新建按钮元件"按钮1"将元件"福字"拖拽到舞台中，在时间轴的"指针经过"
帧处插入关键帧，将元件"福字"删除，将元件"福字动"拖拽到舞台中，放在相同的位
置。新建图层"文字"，在时间轴的"指针经过"处插入关键帧，使用文字工具输入文字"财源广进"。
使用相同的方法，完成按钮2、3、4，如图5-23至图5-26所示。

⑥新建图形元件"灯笼"和"鞭炮"，将素材图片拖拽到舞台中，用魔棒工具去除背景如图5-27、
图5-28所示。

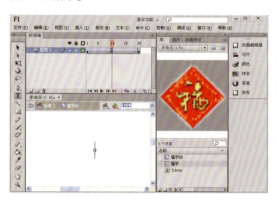

图 5-22

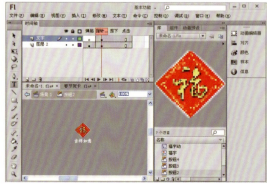

图 5-24 按钮 2

图 5-23 按钮

图 5-25 按钮 3

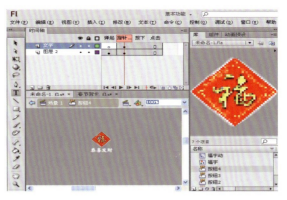

图 5-26 按钮 4

⑦新建图形元件"灯笼穗"，将素材图片拖拽到舞台中，如图 5-29 所示灯笼穗。新建影片剪辑元件"穗动"，将元件"灯笼穗"拖拽到舞台中，在第 1 帧处，使用变形工具将中心控制点上移，然后改变元件的形状，如图 5-30 所示。在时间轴的第 40、80 帧处插入关键帧。在第 40 帧处使用变形工具改变元件的形状。在第 1~40、40~80 帧之间创建补间动画，如图 5-31 所示。

⑧回到场景 1，命名图层 1 位"底图"，将背景图片拖拽到舞台中，调整其位置和大小，如图 5-32 所示。

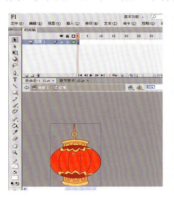

图 5-27

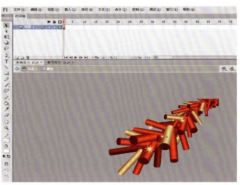

图 5-28

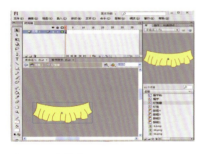

图 5-29 灯笼穗

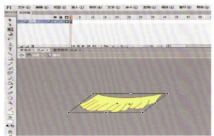

图 5-30

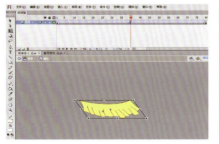

图 5-31

图 5-32

⑨新建图层"灯笼穗",将元件"穗动"拖拽到舞台中。

⑩分别新建图层"灯笼""鞭炮""上部花纹""福字""按钮",分别将它们对应的元件或素材拖拽到舞台中,如图 5-33 所示。

⑪新建图层文字,使用文本工具输入"喜迎新春",如图 5-34 所示。

⑫按 Ctrl+Enter 快捷键,测试影片,保存文件。

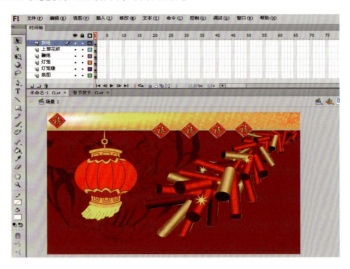

图 5-33

图 5-34

电子相册的制作

5.3.1 案例效果

运用 Flash 的传统补间、补间动画和形状动画制作出华美的婚礼电子相册，效果如图 5-35 所示。

图 5-35

5.3.2 设计思路

收集相关的结婚照片、图片素材，用图形元件和传统补间、形状动画和补间动画的知识制作婚纱电子相册。

5.3.3 相关知识和技能点

使用"属性"面板设置元件的 Alpha 属性，制作图片渐显效果；使用"对齐"面板使实例相对于舞台水平居中对齐；使用补间动画制作照片的动画效果。

5.3.4 任务实施

①新建一个文档，按 Ctrl+F3 快捷键，在文档属性面板中将窗口的宽度设为 400 像素，高度设为 520

像素，背景设为黑色（#000000），如图 5-36 所示。

②执行"文件"→"导入"→"导入库中"命令，依次将图片素材"新娘 1""新娘 2""新娘 3""新娘 4"导入库中。此时的素材为位图。位图转化为元件的方法有两种：

a. 将位图拖拽到舞台上，执行"修改"→"转换为元件"命令。

b. 在库中新建一个图形元件，然后将素材拖拽进来。

注意：

全部转化为元件后能创建补间动画，否则只能创建传统补间动画。

③将"新娘 1"元件拖拽到舞台，在第 15 帧插入关键帧。在第 1 帧中设置元件属性和在"变形"面板中设置元件初始大小为 40%。在第 1~15 帧之间创建传统补间动画。用鼠标右键单击第 25 帧，选择"插入帧"命令（按 F5 快捷键）。完成第一页相册的制作，如图 5-37 所示。

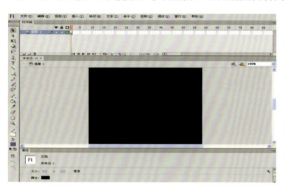 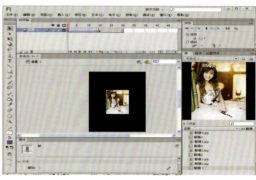

图 5-36 图 5-37

④新建图层 2，制作相册的第 2 页。鼠标右键单击"图层 2"的第 26 帧，插入"关键帧"，将库中元件"新娘 2"拖拽到舞台上，使用对齐面板使实例相对于舞台水平居中对齐，如图 5-38 所示。

⑤单击图层 2 的第 41 帧，插入为关键帧。第 41 帧在属性面板设置为 _____，在"变形"面板中设置"水平"和"垂直"均为 10%，如图 5-39 所示。

 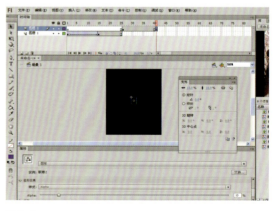

图 5-38 图 5-39

⑥在图层 2 的第 26~41 间创建传统补间动画。在属性面板的补间中设置如图 5-40 所示。

⑦新建图层 3，制作第三张相片效果。在第 42 帧处插入关键帧，并将元件"新娘 3"拖拽至舞台，并将其移动到舞台的左侧，使用对齐面板设置相对于舞台顶端对齐，鼠标单击第 57 帧，插入帧，创建补间动画。将元件"新娘 3"拖拽到舞台的右侧，使用对齐面板设置相对于舞台底端对齐。按 Enter 键测试效果，如发现播放速度过快，则将 fps 由 24 改为 12，如图 5-41 所示。

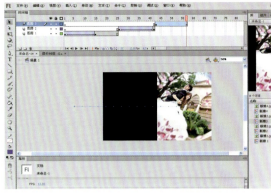

图 5-40 图 5-41

⑧创建图层 4，制作相册的最后一张相片。在图层 4 的第 58 帧处插入关键帧。将元件"新娘 4"拖拽到舞台中央，使用"对齐"面板上实例相对于舞台水平垂直居中对齐。在第 73 帧处插入关键帧，使用变形面板，设置"水平"和"垂直"均为 40%。将元件实例打散（修改 — 分离或按 Ctrl+B 快捷键两次）。创建形状补间动画，添加提示点（修改 — 形状 — 添加形状提示），完成预想效果，如图 5-42、图 5-43 所示。

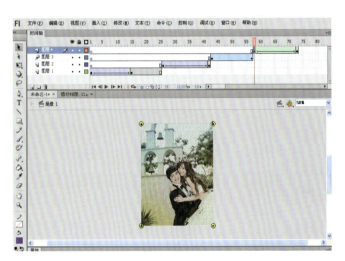

图 5-42

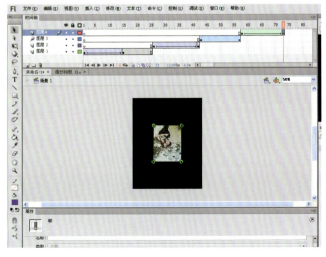

图 5-43

特效动画

本任务课时数：10 课时
由五个任务组成

1 知识点讲解

2 制作字幕

3 制作文字介绍

4 广告制作

5 骨骼动画（火柴人的制作）

学习目标：

（1）掌握引导路径动画的制作
（2）掌握遮罩动画的制作
（3）掌握骨骼动画的制作
（4）由案例效果能分析得出设计思路
（5）熟知完成各任务所需的相关知识和技能点
（6）能举一反三自己动手设计制作特效动画

知识点讲解

除了前面学习的基本动画类型外，Flash 软件还提供了多个高级特效动画，包括运动引导层动画、遮罩动画及最新版本 Flash CS6 新增的骨骼动画等。通过它们可以创建更为生动复杂的动画效果。

6.1.1 引导路径动画

引导层是不显示的，其主要起到辅助图层的作用。分普通引导层和运动引导层两种。普通引导层图标为 ，起到辅助静态对象定位的作用，它无须使用被引导层，可以单独使用。运动引导层能让被引导层按特定的路线运动，这种较常用。

运动引导层动画是指对象沿着某种特定的轨迹进行运动的动画，特定的轨迹也被称为固定路径或引导线。作为动画的一种特殊类型，运动引导层的制作需要至少使用两个图层，一个是用于绘制特定路径的运动引导层，一个是用于存放运动对象的图层。在最终生成的动画中，运动引导层中的引导线不会显示出来。

运动引导层就是绘制对象运动路径的图层，通过此图层中的运动路径，可以引导被引导层中的对象沿着绘制的路径运动。在时间轴面板中，一个运动引导层下可以有多个图层，也就是多个对象可以沿同一条路径同时运动，此时运动引导层下方的各图层也就成为被引导层。在 Flash 中，创建运动引导层有下述两种方法。

1）使用"添加传统运动引导层"命令创建运动引导层

使用"添加传统运动引导层"命令创建运动引导层是较为方便的一种方法，具体操作步骤如下所述。

①在时间轴面板中选择需要创建运动引导层动画的对象所在的图层。

②单击鼠标右键，从弹出的快捷菜单中选择"添加传统运动引导层"命令，即可在所选图层的上面创建一个运动引导层（此时，创建的运动引导层前面的图标显示为 ），并且将原来所选图层设为引导层，如图 6-1 所示。

2）使用"图层属性"对话框创建运动引导层

"图层属性"对话框用于显示与设置图层的属性，包括设置图层的类型等。使用"图层属性" 对话

图 6-1 使用"添加传统运动引导层"命令创建运动引导层

框创建运动引导层的具体操作步骤如下所述。

①选择"时间轴"面板中需要设置为运动引导层的图层，然后执行菜单中的"修改"→"时间轴"→"图层属性"命令（或者在该图层处单击右键，在弹出的快捷菜单中选择"属性"命令。

②在"图层属性"对话框中单击"类型"选项中的"引导层"，如图 6-2 所示，然后单击"确定"按钮。此时，当前图层即被设置为运动引导层，如图 6-3 所示。

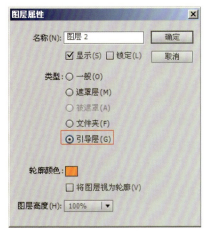 

图 6-2　单击"引导层"　　　　　　　　　　　图 6-3　当前图层被设置为运动引导层

③选择运动引导层下方需要设为被引导层的图层（可以是单个图层，也可以是多个图层），如图 6-4 所示，然后按住鼠标左键，将其拖曳到运动引导层的下方，即可将其快速转换为被引导层，如图 6-5 所示。

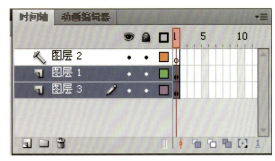 

图 6-4　选择需要设为被引导层的图层　　　　　　图 6-5　设为被引导层的图层显示

提示：

一个引导层可以设置多个被引导层。

6.1.2　遮罩动画

与运动引导层动画相同，在 Flash 中遮罩动画的创建也至少需要两个图层才能完成，分别是遮罩层和被遮罩层。其中，位于上方用于设置遮罩范围的层被称为遮罩层，而位于下方的则是被遮罩层。遮罩层如同一个窗口，通过它可以看到其下被遮罩层中的区域对象，而被遮罩层中区域以外的对象将不会显示，如图 6-6 所示。另外，在制作遮罩动画时还需要注意，一个遮罩层下可以包括多个被遮罩层，不过按钮内部不能有遮罩层，也不能将一个遮罩应用于另一个遮罩。

遮罩层其实是由普通图层转化而来的，Flash 会忽略遮罩层中的位图、渐变色、透明、颜色和线条样式。

遮罩层中的任何填充区域都是完全透明的，任何非填充区域都是不透明的，因此，遮罩层中的对象将作为镂空的对象存在。在 Flash 中，创建遮罩层有下述两种方法。

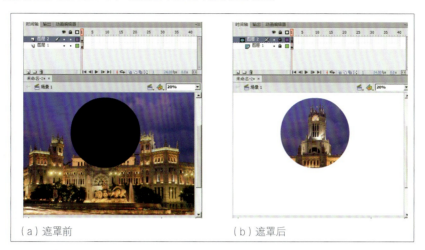

（a）遮罩前　　　　　　　　　　（b）遮罩后

图6-6　遮罩前后效果比较

1）使用"遮罩层"命令创建遮罩层

使用"遮罩层"命令创建遮罩层是较为方便的一种方法，具体操作步骤如下所述。

①在时间轴面板中选择需要设置为遮罩层的图层。

②单击鼠标右键，在弹出的快捷菜单中选择"遮罩层"命令，即可将当前图层设为遮罩层，并且其下的一个图层会被相应地设为被遮罩层，二者以缩进形式显示，如图6-7所示。

2）使用"图层属性"对话框创建遮罩层

在"图层属性"对话框中除了可以设置运动引导层，还可以设置遮罩层和被遮罩层，具体操作步骤如下所述。

①选择"时间轴"面板中需要设置为遮罩层的图层，然后执行菜单中的"修改"→"时间轴"→"图

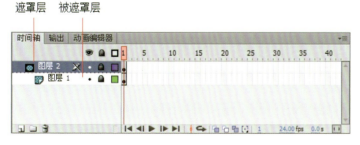

图6-7　使用"遮罩层"命令创建遮罩层

层属性"命令（或者在该图层处单击右键，在弹出的快捷菜单中选择"属性"命令），弹出"图层属性"对话框。

②在"图层属性"对话框中单击"类型"下的"遮罩层"选项，如图6-8所示，然后单击"确定"按钮，即可将当前图层设为遮罩层。此时，时间轴分布如图6-9所示。

图 6-8 单击"类型"下的"遮罩层"选项　　图 6-9 时间轴分布

提示：

在"图层属性"对话框中要勾选"锁定"复选框，否则最终不会有遮罩效果。

③同理，在时间轴面板中选择需要设置为被遮罩层的图层，然后单击右键，在弹出的快捷菜单中选择"属性"命令，接着在弹出的"图层属性"对话框中单击"类型"中的"被遮罩"选项，如图 6-10 所示，

图 6-10 单击"类型"中的"被遮罩"选项　　图 6-11 时间轴分布

即可将当前图层设置为被遮罩层，如图 6-11 所示。

6.1.3　骨骼动画

骨骼动画也称为反向运动（IK）动画，是一种使用骨骼的关节结构对一个对象或彼此相关的一组对象进行动画处理的方法。在 Flash CS6 中要创建骨骼动画，必须首先确定当前是 Flash 文件（Action Script 3.0），而不能是 Flash 文件（Action Script 2.0）。创建骨骼动画的对象分为两种：一种是元件对象；另一种是图形形状。

（1）创建基于元件的骨骼动画

在 Flash CS6 中可以对图形形状创建骨骼动画，也可以对元件对象创建骨骼动画。元件对象可以是影片剪辑、图形和按钮中的任意一种。如果是文本，则需要将文本转换为元件。当创建基于元件的骨骼时，可以使用工具箱中的（骨骼工具）将多个元件进行骨骼绑定，待骨骼绑定后，移动其中一个骨骼会带动相邻的骨骼进行运动。

（2）创建基于图形的骨骼动画

在 Flash CS6 中不仅可以对元件创建骨骼动画，还可以对图形形状创建骨骼动画。图形形状需在"对象绘制"模式下绘制。与创建基于元件的骨骼动画不同，基于图形形状的骨骼动画对象可以是一个图形形状，也可以是多个图形形状，在向单个形状或一组形状添加第一个骨骼之前必须选择所有形状。将骨骼添加到所选内容后，Flash 会将所有的形状和骨骼转换为骨骼形状对象，并将该对象移动到新的骨架图层，在某个形状转换为骨骼形状后，它将无法再与其他形状进行合并操作。

制作字幕

6.2.1　案例效果

用遮罩制作字幕效果，案例效果如图 6-12 所示。

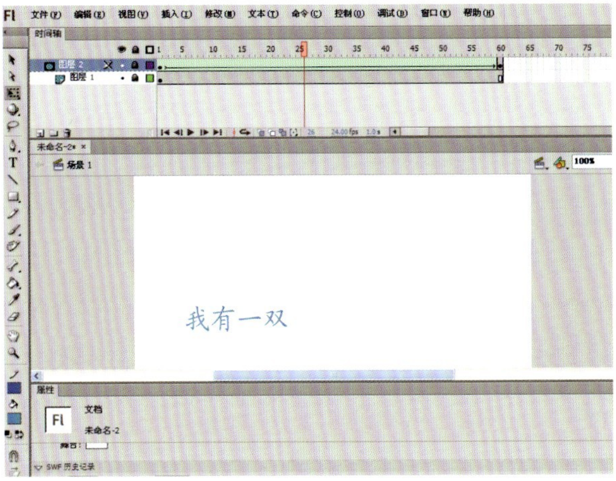

图 6-12　案例效果图

6.2.2　设计思路

设计一行文字，用形状补间动画制作遮罩层，用遮罩效果完成字幕的制作。

6.2.3　相关知识和技能点

形状补间动画、遮罩效果的应用。

6.2.4　任务实施

①新建一个文档，在图层 1 上用文本工具输入歌词，如图 6-13 所示。

②新建图层 2，画一个能覆盖住文字的矩形条。图层 1、2 在第 60 帧同时插入帧和关键帧。打散文字，创建补间形状动画，用变形工具移动中心点将图层 2 上的第 1 帧矩形条缩小，如图 6-14、图 6-15 所示。

③在第 2 层由右键单击选择的菜单上点选遮罩层，完成操作，如图 6-16 所示。

图 6-13　　　　　　　　　　　　　　　　　图 6-14

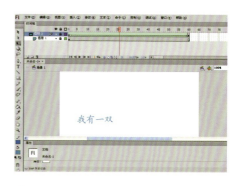

图 6-15　　　　　　　　　　　　　　　　　图 6-16

④测试影片，使歌词音字合一。

⑤注意：如果需要让没有演唱到的字幕也可见的话，需要将图层 1 的文字帧复制一份粘贴到图层 3，然后将图层 3 的文字拖到最底层，分离修改颜色，如图 6-17、图 6-18 所示。

如果是要在一个完整的 MTV 中制作字幕，就需要将以上步骤在影片剪辑元件里完成，如图 6-19 所示。

图 6-17

图 6-18　　　　　図 6-19

制作文字介绍

6.3.1 案例效果

案例效果如图 6-20 所示。

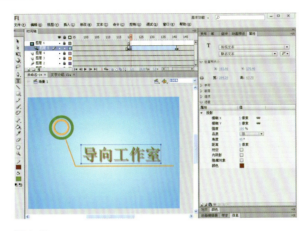

图 6-20

6.3.2 设计思路

先用基本椭圆工具绘制空心圆，再用 3D 旋转动画制作圆球影片剪辑。用形状变形工具绘制逐渐出现的线条，用遮罩制作文字。最后制作文字的滤镜效果。

6.3.3 相关知识和技能点

掌握椭圆工具的应用。

熟悉遮罩、滤镜、补间动画的用法等。

6.3.4 任务实施

①新建 Action Script 3.0 文档，新建"圆"影片剪辑元件，使用基本椭圆工具，配合 Shift 键绘制圆。在属性面板中调整绘制的圆的内径，使其成为一个空心的圆环，如图 6-21 所示。

②新建"圆球"影片剪辑，将"圆"元件中的对象拖曳至该元件中，并在其中设置 3D 旋转动画，如图 6-22 所示。

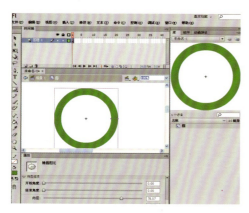

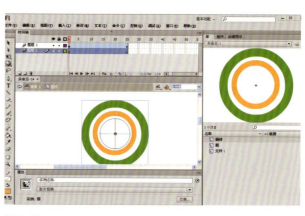

图 6-21   图 6-22

③新建"遮罩"影片剪辑元件，在其中制作文字逐一出现需要用到的遮罩，如图 6-23、图 6-24 所示。

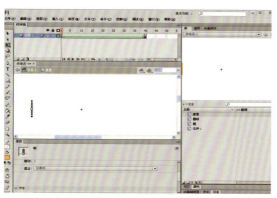

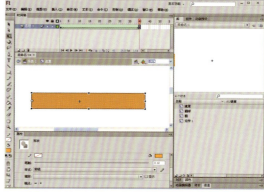

图 6-23   图 6-24

④回到场景 1，新建图层 1，绘制背景图。用到矩形工具框选整个场景，用渐变色填充，用渐变变形工具调整，如图 6-25 所示。

⑤新建图层 2，放置"圆球"影片剪辑，并制作出如图 6-26、图 6-27 所示。

⑥新建图层 3，用直线工具、补间形状动画制作斜线出现的动画，新建图层 4 制作水平线出现的动画，如图图 6-28、图 6-29、图 6-30 所示。

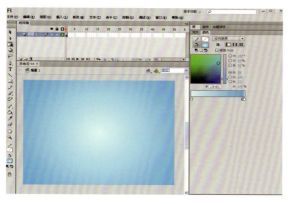

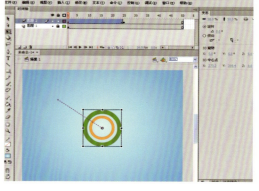

图 6-25   图 6-26

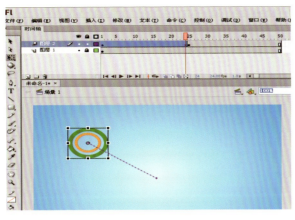

图 6-27

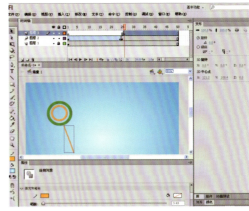

图 6-28

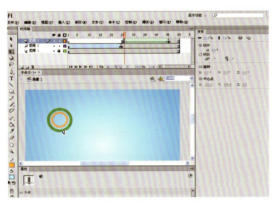

图 6-29

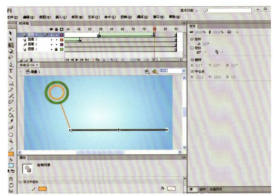

图 6-30

⑦在第 5 层中输入文字，第 6 层放入遮罩元件，制作遮罩效果，如图 6-31、图 6-32 所示。

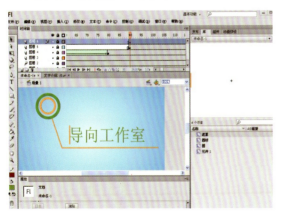

图 6-31

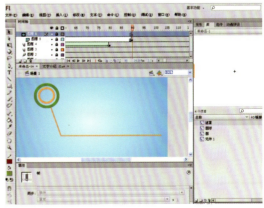

图 6-32

⑧遮罩后在图层 5 中制作文字滤镜动画，如图 6-33、图 6-34 所示。

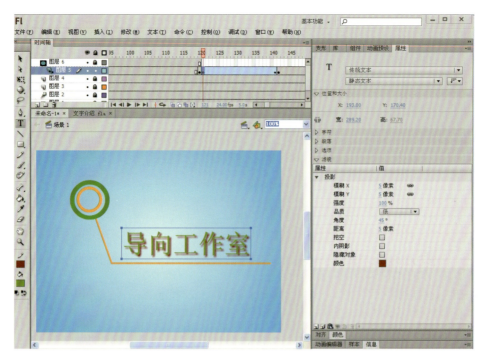

图 6-33

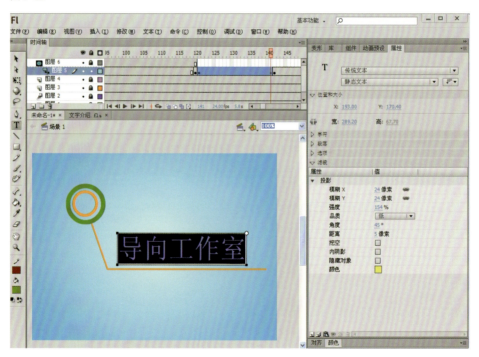

图 6-34

广告制作

6.4.1　案例效果

　　本项任务是完成"百丽鞋品"的产品广告。本例通过背景颜色和鞋子的动态展示，体现出"百变所以美丽"的主题，效果如图 6-35 所示。

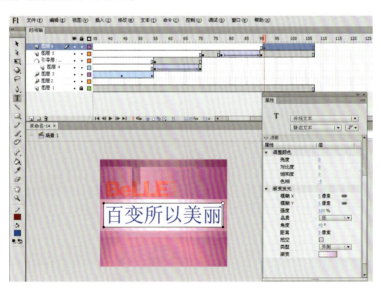

图 6-35　效果图

6.4.2　设计思路

　　选择收集百丽的标志、鞋子图片。使用动画预设、引导层动画、滤镜等来制作。

6.4.3　相关知识和技能点

　　①熟练使用动画预设。
　　②熟练使用引导层动画。
　　③熟练使用滤镜。

6.4.4 任务实施

①新建一个Action Script 3.0文件，设置文档尺寸为336像素×280像素。将图片素材全部导入库中，并全部转化成元件。新建一个影片剪辑元件"背景变色"，将"鞋背景.png"拖曳至舞台，在属性面板中设置X为"-168"，Y为"-140"，如图6-36所示。

②在"滤镜"面板中添加"调整颜色"滤镜，设置饱和度为"40"。在第6、11、16、21、26、31帧处插入关键帧。将色相分别设置为"-180""40""-70""30""-40""120"。在第35帧处插入帧。完成背景变色元件，如图6-37所示。

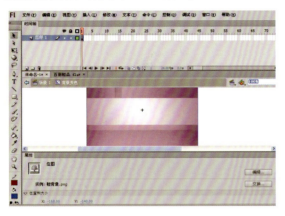
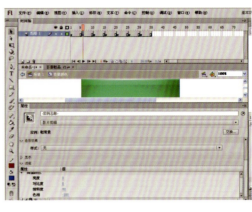

图6-36　　　　　　　　　　　　　　　　　　图6-37

③返回场景1，将"背景变色"元件放入舞台，水平垂直居中对齐，在第70帧处插入关键帧。锁定图层1，测试，如颜色变化过快，则将fps改为"12 "，如图6-38所示。

④新建图层2、3，将鞋1、2元件拖入舞台。水平垂直居中对齐。打开动画预设面板，设置效果如图6-39所示。

图6-38　　　　　　　　　　　　　　　　　　图6-39

⑤新建图层4，将鞋3元件拖入舞台，创建传统补间动画，单击图层4创建传统运动引导层，用铅笔绘制路径，如图6-40所示。

图6-40

⑥新建图层 5，将百丽元件拖入舞台，创建传统补间动画，在最后一帧处的颜色样式中调节透明度，如图 6-41 所示。

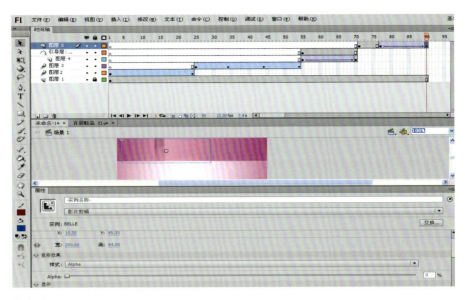

图 6-41

⑦新建图层 6，输入文字，添加滤镜，如图 6-42 所示。

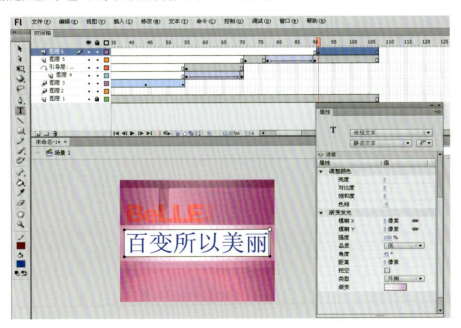

图 6-42

6.5 骨骼动画（火柴人的制作）

6.5.1 案例效果

案例效果如图 6-43 所示。

图 6-43

6.5.2 设计思路

先将小人的各个部分制作成元件，绘制好小人后，添加骨骼工具，用骨骼控制小人的运动。

6.5.3 相关知识和技能点

骨骼工具的应用。

6.5.4 任务实施

①新建 Action Script 3.0 文档，以"火柴人"为名进行保存。

②创建影片剪辑新元件，以"火柴"命名。用圆角"矩形工具"绘制火柴，在工具栏中单击"对象绘制"按钮，设置如图 6-44、图 6-45 所示。

图 6-44

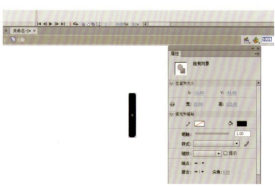

图 6-45

③创建名为"掌"的影片剪辑新元件，使用"基本椭圆工具"绘制半圆，具体设置如图 6-46 所示。

④创建名为"头"的影片剪辑新元件，使用"椭圆工具"按住 Shift 绘制圆形，设置如图 6-47 所示。

图 6-46

图 6-47

⑤创建名为"火柴人"的影片剪辑新元件，将库中的火柴等元件拖曳到舞台中，使用任意变形工具，将该元件实例的中心点移动到顶部。单击"选择工具"，按住 Alt 键复制，用"修改——变形——水平翻转"命令调整图形的大小和位置，制作出火柴人躯干，如图 6-48 所示。

⑥在"火柴人"元件中添加骨骼。注意每个骨头的节点处均需添加一块小的骨骼，如图 6-49、图 6-50 所示。

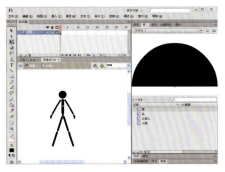

图 6-48

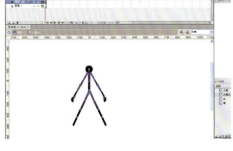

图 6-49

注意：

在默认情况下，Flash 会在鼠标单击的位置创建骨骼。若要使骨骼的节点位置更精确，可选择"编辑—首选参数菜单"命令，打开"首选参数"对话框，撤销选中"自动设置变形点"。之后再次创建骨骼，当从一个元件到下一元件依次单击时，骨骼将对齐到元件变形点。

为元件实例添加完骨骼后即可对每个添加的骨骼设置其关联属性，使其更加符合运动规律。速度影响骨骼被操纵时的反应，值越低相当于给骨骼的负重越高，可给人以更真实的感觉。

⑦选中右手小手臂上的骨骼，在属性面板中自动更改为与其相关的属性参数，如图 6-51 所示。

图 6-50

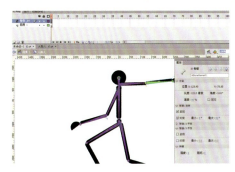

图 6-51

⑧选中左手小手臂上的骨骼，在属性面板中自动更改为与其相关的属性参数，如图 6-52 所示。

图 6-52　　　　　　　　图 6-53

⑨使用同样的方法，约束腿部骨骼的旋转。

⑩添加骨骼后，系统将自动在相应元件的时间轴中添加存放骨骼的骨架图层，如图 6-53 所示。

⑪选择"视图—标尺"菜单，在标尺上拖曳出一条辅助线，作为脚步站立的水平线。

⑫将播放头移到第 1 帧，调整骨骼的位置，如图 6-54 所示。

⑬在骨架第 4、8、15 帧插入姿势，调整骨骼的位置，如图 6-55、图 6-56、图 6-57 所示。

⑭返回场景，将火柴人元件拖入场景中进行测试。

注意：

若要删除单个骨骼及其所有子级，可单击该骨骼后按 Delete 键。按住 Shift 键可多选骨骼。

图 6-54

图 6-55

图 6-56

图 6-57

7.

位图、声音与视频

本任务课时数：6 课时
由三个任务组成

1　知识点讲解

2　制作 MTV

3　制作短片

学习目标：

（1）掌握位图、声音和视频的应用

（2）掌握导入位图、声音和视频的方法

（3）由案例效果能分析得出设计思路

（4）熟知完成各任务所需的相关知识和技能点

（5）能举一反三自己动手设计制作视频。

7.1

知识点讲解

7.1.1 位图、声音和视频的应用

位图、声音和视频文件的灵活应用，可以美化 Flash 作品的效果。用户可以通过网络和数码相机、摄像机等来收集相关素材，利用一些现成的位图、声音来制作 Flash 作品，使作品的表现力更丰富，而且一些复杂的图形可能只有位图才能够表现清楚。因此，掌握 Flash 中位图的插入和处理方法至关重要。

7.1.2 导入位图

Flash CS6 支持多种图像格式，如 JPG、BMP、GIF 等。通过将图像文件导入到库和舞台上，可以将位图绚丽多彩的效果展现出来，给人以强烈的视觉冲击。

导入位图的方法有两种，如下所述。

①执行"文件"→"导入"→"导入到库"命令，再将导入到库的位图拖曳到舞台的某个关键帧处，拖曳到舞台上的图像会自动分布到场景中，用户可以根据情况进行相应的设置。

②执行"文件"→"导入"→"导入到舞台"命令，直接根据情况进行相应设置。

7.1.3 导入声音

声音是 Flash 作品中的一个重要元素，添加了声音的动画作品更加丰富多彩，更富有表现力。在 Flash 中可以导入 WAV、MP3 等多种格式的声音文件。当声音导入文档后，将被存放在"库"面板中。在影片中添加声音，需要先将声音文件导入影片文件中，新建一个图层，用来放置声音。再选中需要加入声音的关键帧，在"库"面板中将声音文件拖曳至场景中即可。

设置同步属性的操作如下所述。

"事件"：会将声音和一个事件的发生过程同步起来。事件声音在其起始关键帧开始显示播放，并独立于时间轴播放完整个声音，即使 SWF 文件停止也继续播放。当播放发布的 SWF 文件时，事件声音混合在一起。

"开始"：与"事件"选项的功能相近，但如果声音正在播放，使用"开始"选项则不会播放新的声音实例。

"停止"：将使指定的声音静音。

"数据流"：将同步声音，强制动画和音频流同步。与事件声音不同，音频流随着 SWF 文件的停止而停止。而且，音频流的播放时间绝对不会比帧的播放时间长。当发布 SWF 文件时，音频流混合在一起。

7.1.4　导入视频

Flash 支持视频文件的导入，允许把视频、图形、声音等融为一体，以帮助用户更轻松地创作视频演示文稿。

Flash 支持的视频格式有许多种，类型会因计算机所安装的软件不同而不同。

其支持的视频见表 7-1。

表 7-1　Flash 支持的视频格式

文件类型	扩展名
音频视频交叉	.avi
数字视频	.dv
运动图像专家组	.mpg、.mpeg
QuickTime 影片	.mov
Windows 媒体文件	.wmv、.asf

需要注意的是，如果用户导入的视频文件是系统不支持的文件格式，那么 Flash 会显示一条警告消息，表示无法完成该操作。

而在有些情况下，Flash 可能只能导入文件中的视频，而无法导入音频，此时也会显示警告消息，表示无法导入该文件的音频部分，但是仍然可以导入没有声音的视频。

Flash CS3 以上的版本对外部 FLV（Flash 专用视频格式）支持，其可以直接播放本地硬盘或者 Web 服务器上的 FLV 文件，这样可以用有限的内存播放很长的视频文件，而不需要从服务器下载完整的文件。

7.2

制作 MTV

7.2.1 案例效果

案例效果如图 7-1 所示。

图 7-1 案例效果

7.2.2 设计思路

通过对 MTV 的制作，让学生掌握位图、声音、视频的使用，体验 MTV 的制作过程和构思，能设计出故事的发展并进行场景布置；掌握文字和音乐同步播放的方法。

7.2.3 相关知识和技能点

①掌握位图的应用。
②掌握声音的插入方法。
③对以往所学动画知识的综合应用。

7.2.4 任务实施

①新建一个设置如图 7-2 所示文档。
②执行"文件"→"导入"→"导入到库"命令，将音乐和素材图片导入到库，如图 7-3、图 7-4 所示。
③将场景的图层 1 重新命名为"声音"，选择第 1 帧，将库中的"春天在哪里"音乐拖曳到场景中，在"属性"面板中将"同

图 7-2 新建文档设置

步"选项设为"数据流"，并在第1 200帧的位置插入帧，如图7-5所示。

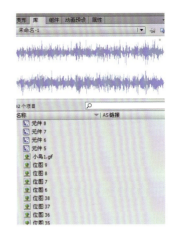

图7-3

图7-4

④新建图层2，将其改名为"背景1"，将"库"面板中的BJ.jig拖曳到舞台，然后将X、Y值设置为0，宽为550像素，高为400像素，将文件和舞台对齐。

⑤新建图层3，将其改名为"儿童歌曲"，用文本工具输入"儿童歌曲MTV"，设置如图7-6所示。

⑥在第40、60、100帧处插入关键帧，选择第40帧，在属性面板中将X和Y值分别设置为70和50；选择第100帧，在属性面板中，将X和Y值分别设为550和50；在第40~60帧、第60~100帧创建传统补间动画，如图7-7所示。

⑦新建图层4，将其改名为"片名"，输入"春天在哪里"，设置如图7-8所示。

⑧在第40、60、100帧处插入关键帧，调整文字位置，在第1~40帧和60~100帧创建传统补间动画，如图7-9所示。

⑨新建图层5和图层6，分别插入背景2和背景3，制作出逐渐飘过的动画效果，如图7-10、图7-11所示。

⑩新建图层7、图层8、图层9，将其改名为小鸟、弹琴小鸟、孔雀。分别制作出它们的动画效果，如图7-12所示。

⑪新建图层10，将其改名为"歌词"，并按音乐节奏插入歌词，无歌词的地方插入空白关键帧，如图7-13所示。

⑫测试动画，观察声音与文字是否同步，并进行最后修改。

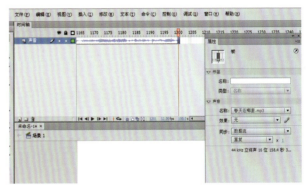

图7-5

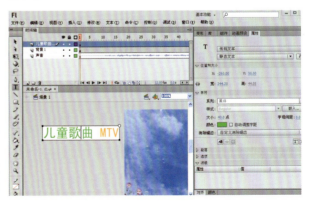

图7-6

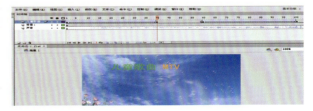

图7-7

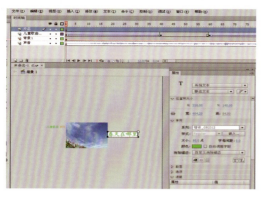

图7-8

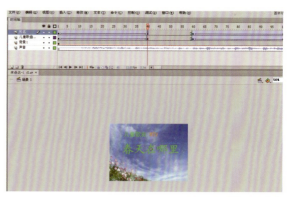

图 7-9

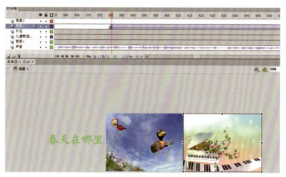

图 7-10

图 7-11

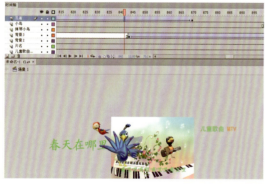

图 7-12

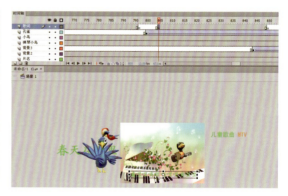

图 7-13

7.3.1　案例效果

案例效果如图 7-14 所示。

图 7-14　案例效果

7.3.2　设计思路

用遮罩层制作字幕效果，用引导层动画制作雨滴下落的效果。

7.3.3　相关知识和技能点

遮罩效果、引导层动画的应用，声音、位图的插入方法等综合应用。

7.3.4　任务实施

①先在元件中编辑好各个背景图片及效果，如图 7-15、图 7-16 所示。

②用引导层制作雨滴下落的效果，如图 7-17 所示。

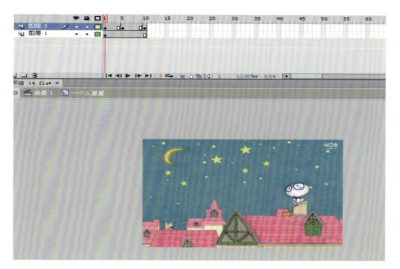

图 7-15

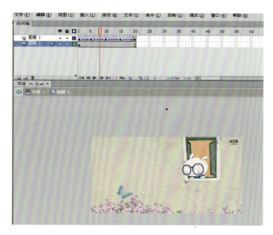

图 7-16

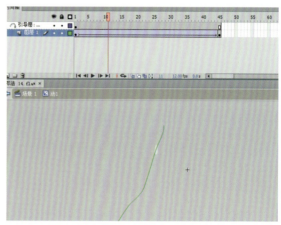

图 7-17

③用遮罩层制作字幕效果，如图 7-18 所示。

④在场景中组合效果，注意声画合一的配合，完成作品。

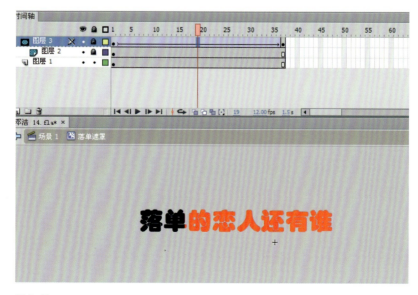

图 7-18

动　作

本任务课时数：6 课时
由两个任务组成

1　知识点讲解

2　游戏制作

学习目标：

（1）掌握动作脚本基本语法
（2）掌握事件和事件处理函数
（3）掌握时间轴控制、程序结构
（4）知道简单游戏制作的方法。

8.1 知识点讲解

8.1.1 动作脚本基本语法

动画脚本是 Flash 具有强大交互功能的灵魂所在。它是一种编程语言，Flash CS6 有两种版本的动作脚本语言，分别是 Action Script 2.0 和 Action Script 3.0，动画之所以具有交互性，是通过对按钮、关键帧和影片剪辑设置移动的"动作"来实现的，所谓"动作"指的是一套命令语句，当某事件发生或某条件成立时，就会发出命令来执行设置的动作。执行菜单中的"窗口"→"动作"命令【快捷键 F9】，可以调出"动作"面板，如图 8-1 所示。

图 8-1 "动作"面板

1）动作工具箱

动作工具箱是浏览 Action Script 语言元素（函数、类、类型等）的分类列表，包括全局函数、全局属性、运算符、语句、Action Script 2.0 类、编译器指令、常数、类型、数据组件、组件、屏幕和索引等，单击它们可以展开相关内容。双击要添加的动作脚本即可将它们添加到右侧的脚本窗口中，如图 8-2 所示。

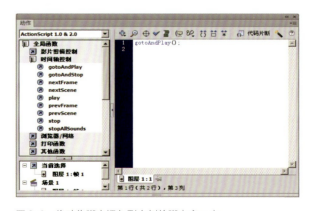

图 8-2 将动作脚本添加到右侧的脚本窗口中

2）脚本导航器

脚本导航器用于显示包括脚本的 Flash 元素（影片剪辑、帧和按钮）的分层列表。使用脚本导航器可在 Flash 文档中的各个脚本之间快速移动。如果单击脚本导航器中的某一项目，则与该项目相关联的脚本将显示在脚本窗口中，并且播放头将移动到时间轴上的相关位置。如果双击脚本导航器中的某一项，则该脚本将被固定（就地锁定）。可以通过单击每个选项卡在脚本间移动。

3）脚本窗口

脚本窗口用来输入动作语句，除了可以在动作工具箱中通过双击语句的方式在脚本窗口中添加动作脚本外，还可以在这里直接用键盘进行输入。

制作动画播放到结尾再跳转到第 1 帧并停止播放的效果。方法为：在"图层 2"的第 20 帧，打开"动作"面板，删除动作脚本"gotoAndPlay（1）"，然后用鼠标双击左侧"时间轴控制"类别中的"gotoAndStop"，再在右侧的括号中输入 1，如图 8-3 所示。该段脚本表示当动画播放到结尾时，自动跳转到第 1 帧并停止播放。

图 8-3　设置动作脚本 gotoAndStop（1）

（1）gotoAndPlay

一般用法：gotoAndPlay（场景，帧数）。

作用：跳转到指定场景的指定帧，并从该帧开始播放，如果要跳转的帧为当前场景，可以不输入"场景"参数。

参数介绍如下：

场景：跳转至场景的名称，如果是当前场景，就不用设置该项。

帧数：跳转到帧的名称（在"属性"面板中设置的帧标签）或帧数。

举例说明：当按下被添加了"gotoAndPlay"动作脚本的按钮时，动画跳转到当前场景的第 15 帧，并从该帧开始播放的动作脚本：

```
on （press） {
            gotoAndPlay（15）;
}
```

举例说明：当按下被添加了"gotoAndPlay"动作脚本的按钮时，动画跳转到名称为"动画 1"的场景的第 15 帧，并从该帧开始播放的动作脚本：

```
on （press） {
            gotoAndPlay（"动画 1"，15）;
}
```

（2）gotoAndStop

一般用法：gotoAndStop（场景，帧数）。

作用：跳转到指定场景的指定帧并从该帧停止播放，如果没有指定场景，那么将跳转到当前场景的指定帧。

参数介绍如下：

场景：跳转至场景的名称，如果是当前场景，就不用设置该项。

帧数：跳转至帧的名称或数字。

（3）nextFrame（）

作用：跳转到下一帧并停止播放。

举例说明：按下一个按钮时，跳转到下一帧并停止播放的动作脚本：

```
on（press）{
                nextFrame（）;
        }
```

（4）preFrame（）

作用：跳转到前一帧并停止播放。

举例说明：按下一个按钮时，跳转到前一帧并停止播放的动作脚本：

```
on（press）{
                preFrame（）;
        }
```

（5）nextScene（）

作用：跳转到下一个场景并停止播放。

（6）preScene（）

作用：跳转到前一个场景并停止播放。

（7）play（）

作用：使动画从当前帧开始继续播放。

（8）stop（）

作用：停止当前播放的电影，该动作脚本常用于使用按钮控制影片剪辑。

举例说明：当需要某个影片剪辑在播放完毕后停止并不是循环播放，则可以在影片剪辑的最后一帧附加"stop（）"动作脚本。这样，当影片剪辑中的动画播放到最后一帧时，播放将立即停止。

（9）stopAllSounds（）

作用：使当前播放的所有声音停止播放，但是不停止动画的播放。需要注意的是，被设置的流式声音将会继续播放，在后续章节中将会详细应用。

举例说明：当按下按钮时，影片中的所有声音将停止播放动作脚本：

```
on（press）{
                stopAllSounds（）;
        }
```

常用语法符号如下所述。

ActionScript 有自己的语法符号，认识常用语法符号可以很方便地了解 ActionScript 编程规则。

表 8-1　常用语法符号

符　号	名　称	说　明
.	点	功能：指向一个对象（通常是对 MovieClip）的某一个属性或方法。 例：如果有一个影片实例的名称是 "fish"，_x 和 _y 表示这个实例在场景中的 X 坐标和 Y 坐标，就可以用如下语句得到其 X 位置和 Y 位置。 　_root.x=_root.fish._x ； 　_root.y=_root.fish._y ； 其中："_root." 表示主时间轴的绝对路径。 "_parent." 表示父场景（即上一级场景）的相对路径。

{ }	大括号	功能：用 "{ }" 把程序分成一个一个的模块。可以将括弧中的代码看作是一句表达。
		例：
		　　if（count>18）{
		　　　count = 1;
		　　}
		在上面程序中，大括号内 { } 的 "count = 1;" 就是一句表达。

；	分号	功能：ActionScript 以分号作为语句的结束。 例：下面各语句就是以分号结束的。 　　itncock_W=_xscale ； itncock_H=_yscale ； 当然，如果用户忽略了分号，Flash MX 也能正确编译脚本。只是最佳做法还是应该使用分号。
,	逗号	功能：ActionScript 以逗号表示一种分隔符号。 例：上面关于分号的示例语句也可以用逗号分隔后写在同一行。 　　itncock_W=_xscale, itncock_H=_yscale ；

( )	圆括号	功能："（　）" 来放置参数。如果括弧里面是空的，就表示没有任何参数传递。
		例：程序片段
		　　on（press）{
		　　startDrag（stars, true）;
		　　}
		说明当按钮按下去时，影片实例可以被鼠标拖动。这里括号中 "stars" "true" 都是参数。
		又例：程序片段
		　　on（press）{
		　　　_root.dh.stop（）;
		　　　_root.pd.stop（）;
		　　}
		中 stop 后的空括号表示没有任何参数。

//	批注	功能：给脚本添加批注信息，可以使代码更容易阅读。凡是批注符号之后的内容，Flash MX 在播放时并不执行。 例：下面的语句后面就有批注，说明该语句的动作含义。 　　cock.stop（）;　//主时间轴上电影剪辑 cock 停止运动

4）交互按钮的实现

除了在关键帧中可以设置动作脚本外，在按钮中也可以设置动作脚本，以此实现按钮交互动画。

按钮除了响应按钮事件，还可以响应下述 8 种按键事件。

① press：事件发生于鼠标位于按钮上方，并按下鼠标时。

② release：事件发生于鼠标位于按钮上方按下鼠标，然后松开鼠标时。

③ releaseOutside：事件发生于鼠标位于按钮上方并按下鼠标，然后将鼠标移到按钮以外区域，再松开鼠标时。

④ rollOver：事件发生于鼠标移到按钮上方时。

⑤ rollOut：事件发生于鼠标移出按钮区域时。

⑥ dragOver：事件发生于按住鼠标不松手，然后将鼠标移到按钮上方时。

⑦ dragOut：事件发生于按住鼠标不松手，然后将鼠标移出按钮区域时。

⑧ keyPress：事件发生于用户按键盘上某个键时，其格式为 keyPress "< 键名 >"。触发事件列表中列举了常用的键名称，比如：keyPress "<left>"，表示按下键盘上的向左方向按钮时触发事件。

至此，整个动画制作完毕。下面执行菜单中的"控制 | 测试影片"【快捷键（Ctrl+Enter）】命令，打开播放器窗口，然后单击"播放"和"暂停"按钮即可看到效果。

5）ActionScript 3.0 的应用

在 Flash CS6 中，允许创建基于时间轴的 ActionScript 3.0 的 fla 文档，ActionScript 3.0 与 ActionScript 2.0 和 1.0 有本质上的不同，它是一门功能强大的、面向对象的、具有业界标准素质的编程语言。ActionScript 3.0 是快速构建 Rich Internet Application 的理想语言。

在 Flash CS6 中，ActionScript 3.0 有一个全新的虚拟机，ActionScript 1.0 和 ActionScript 2.0 使用的都是 AVM1（ActionScript 虚拟机 1），因此它们在需要回放时本质上是一样的。在 ActionScript 2.0 中增加了强制变量类型和新的类语法，其实际上是在最终编译时变成了 ActionScript 1.0，而 ActionScript 3.0 是运行在 AVM2 上，为一种新的专门对 ActionScript 3.0 代码的虚拟机。基于上面的原因，ActionScript 3.0 影片不能直接与 ActionScript 1.0 和 ActionScript 2.0 直接通信（ActionScript 1.0 和 ActionScript 2.0 的影片可以直接通信，因为它们使用的是相同的虚拟机。如果需要 ActionScript 3.0 影片与 ActionScript 1.0 和 ActionScript 2.0 的影片通信，只能通过 localconnection），但是 ActionScript 3.0 的改变具有更深远的意义。

类绑定是 ActionScript 3.0 代码与 Flash CS4 结合的重要途径。在 ActionScript 3.0 中，每一个显示对象都是一个具体类的实例，使用 Flash 制作的动画也不例外。采用类和库中的影片剪辑绑定，可以使漂亮的动画具备程序模块式的功能。一旦影片和类绑定后，放进舞台的这些影片就被视为该类的实例。当一个影片和类绑定后，影片中的子显示对象和帧播放都可以被类中定义的代码控制。

类文件有什么含义呢？例如，我们想让一个影片剪辑对象有很多功能，比如支持拖曳、支持双击等，那么可以先在一个类文件中写清楚这些实现的方法，然后用这个类在舞台上创建许多实例，此时这些实例全具有类文件中已经写好的功能。只需写一次，就能使用很多次，最重要的是它还可以通过继承来重用很多代码，为将来制作动画节省了很多的时间。

（1）创建类文件

下面就来创建一个类文件。

① 执行菜单中的"文件 | 新建"命令，在弹出的"新建文档"对话框中选择"常规" 选项卡下的"ActionScript 文件"，如图 8-4 所示，单击"确定"按钮，创建一个 ActionScript 文件。然后执行菜单中的"文件 | 保存"命令，将文件保存为"helfMC.as"文件。

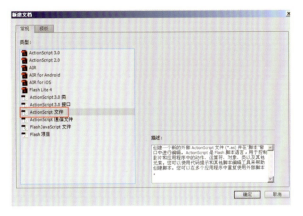

图 8-4   选择"ActionScript 文件"

②在新建的文档中输入以下脚本:

```
package { // 解释 1
    import flash.display.MovieClip; // 解释 2
    import flash.events.MouseEvent; // 解释 3
        public function helfMC ( ) {
            trace ("helf created: " + this.name );
            this.buttonMode = true;
            this.addEventListener ( MouseEvent.CLICK, clickHandler );
            this.addEventListener ( MouseEvent.MOUSE_DOWN,
            mouseDownListener );
            this.addEventListener ( MouseEvent.MOUSE_UP, mouseUpListener );
        }
        private function clickHandler ( event:MouseEvent ):void {
            trace ("You clicked the picture" );
        }
        function mouseDownListener ( event:MouseEvent ):void {
            this.startDrag ( );
        }
        function mouseUpListener ( event:MouseEvent ):void {
            this.stopDrag ( );
        }
}
```

解释 1:在 ActionScript 2.0 中,声明类时在类的名称前包括了类的路径。在 ActionScript 3.0 中,则把路径提取出来放在 package 这个关键字后面。本例中的类文件和 fla 文件在同一目录下,因此 package 后面没有内容,如果类文件在 org 目录下的 helf 目录里,即就要写成:

```
package org.helf {
    public class helfMC { }
}
```

解释 2:在 ActionScript 3.0 中,MovieClip 类不再像 ActionScript 2.0 中那样是默认的全局类了,要使用 MovieClip 类一定要写这一句导入。下一行的脚本意义是导入鼠标事件类。

解释 3:在 ActionScript 3.0 中,类分为 public 和 internal。public 表示这个类可以在任何地方导入使用;internal 表示这个类只能在同一个 package 里面使用。不作说明的时候默认为 internal。还有一个属性为 final，表示这个类不能被继承，继承树到此为止。public、internal 和 final 这 3 个属性都是用来更加规范地管理类之间的关系，以便将来方便修改。

（2）影片剪辑元件，并设置其与上面的类绑定

①新建一个 ActionScript 3.0 的 fla 文档，然后导入配套光盘中的"素材及结果\2.7.4 ActionScript 3.0 的应用\ 密云风景 .jpg"图片。

②在舞台中选中导入的图片，然后按快捷键"F8"，在弹出的对话框中设置如图 8-5 所示，单击"确定"按钮，从而将其转换为影片剪辑元件。

图 8-5 将图片转换为"原件"影片剪辑原件

③在库面板中，右键单击刚创建的影片剪辑元件，从弹出的快捷菜单中选择"属性"命令， 然后在弹出的"元件属性"对话框中设置如图 8-6 所示参数，并单击"确定"按钮。

在"元件属性"对话框中，"标识符"为不可用状态，因为在 ActionScript 3.0 中，没有 MovieClip.attachMovie（ ）、MovieClip. createEmptyMovieClip（ ）、MoveiClip.createTextField（ ）语句了，所有在舞台上的可见对象都由 new 来创建。

例如在本例中，影片剪辑"元件 1"绑定了 helfMC，那么如果要在舞台上创建一个 helfMC，只需设置如下动作脚本：

图 8-6 设置链接属性

$$var\ bl:helf = new\ helfMC（ ）；\ // 解释 1$$
$$addChild（bl）；// 解释 2$$

解释 1：在 ActionScript 2.0 中，创建影片和组件需要使用 createClassObject（ ）、createChildAtDepth（ ）、createClassChildAtDepth（ ）等，这些语句不是很规范，而且比较混乱。而在 ActionScript 3.0 中，只需使用 new ClassName（ ）即可。

解释 2：addChild（ ）这个函数很重要，只有第一句 new 还不行，那只是告诉 Flash 创建了一个名字为 bl 的 helfMC 要进行显示，当输入 addChild（bl）后，Flash 才会将其现实在舞台上。

这里省略了一个 this，如果有一个名称为 helf1MC 的影片剪辑，希望在这个影片剪辑里面加上一个 helfMC 实例，那么动作脚本需要改为：

$$helfMC.addChild（bl）；$$

④执行菜单中的"控制"→"测试影片"【快捷键（Ctrl+Enter）】命令，即可测试在画面上任意拖拽图片的效果，如图 8-7 所示。

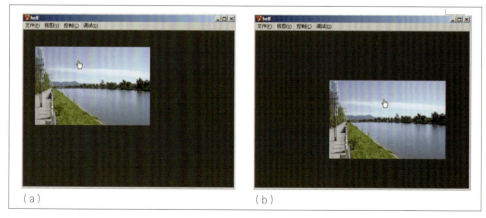

（a）　　　　　　　　　　　　　　　　（b）

图 8-7 在画面上任意拖曳图片的效果

8.1.2　事件和事件处理函数

"事件"就是所发生的 ActionScript 能够识别并可响应的事情，可划分为以下几类：鼠标和键盘事件（发生在用户通过鼠标和键盘与 Flash 应用程序交互时）；剪辑事件（发生在影片剪辑内）；帧事件（发生在时间轴的帧中）。

8.1.3　时间轴控制

①停止命令 stop（）：停止正在播放的动画。此命令没有参数。

②播放命令 play（）：当动画被停止播放后，使用 play（）命令使动画继续播放。此命令没有参数。

③停止播放声音命令 stopALLSounds（）：在不停播放头的情况下停止 SWF 文件中当前正在播放的所有声音。此命令没有参数。

④跳转播放命令 gotoAndPlay。

格式：gotoAndPlay（【scene,】frame）

参数：scene（场景）为可选字符串，指定播放头要转到的场景名称。如果无此参数，则为当前场景。Frame（帧）表示将播放头转到的帧编号的数字，或者表示将播放头转到指定的帧标签。

功能：将播放头转到场景中指定的帧并从该帧开始播放。如果未指定场景，则播放头将转到当前场景中的指定帧，开始播放。

注意：场景名、帧标签名要用双引号括起来。

⑤跳转停止命令 gotoAndStop：与跳转播放命令类似，跳转到指定帧停止。

⑥跳转到下一帧命令 nextFrame（）：

⑦跳转到上一帧命令 prevFrame（）：

⑧跳转到下一场景命令 nextScene（）：

8.1.4　程序结构

程序有 3 种基本结构：顺序结构、选择结构、循环结构。

（1）顺序结构

按照语句的顺序逐句执行，只执行一次。

（2）选择结构

用 if 语句实现，可以是函数嵌套，只执行程序的某一个分支。

（3）循环结构

可实现程序块的循环，循环的次数不定。用 while、do-while、for 语句实现。

8.2 游戏制作

8.2.1 案例效果

本案例设计的是房屋布置游戏，游戏规则是当鼠标指针在某个小图片上时，按下鼠标左键不松开进行拖拽，该小图片跟随鼠标移动。松开鼠标则放下家具。

8.2.2 设计思路

①将小家具图片都转化为按钮元件，重新排列好。
②用先后放入顺序确定小家具图片的正确位置。
③为小家具图片添加动作，使小家具图片到任意正确位置时松开鼠标能不动。

8.2.3 相关知识和技能点

①动作命令的使用。
②按钮元件的使用。

8.2.4 任务实施

①新建一个 AS2.0 [ActionScript 2.0] 文档。在属性面板里设置如图 8-8 所示参数（背景黄色为 #F0F251）。

②调出库面板，将素材 8.2 家具拼图里的 7 张素材图全部导入到库，如图 8-9 所示。

③在库面板中新建 6 个元件按钮，分别将 01.png~06.png 逐一拖拽到各个按钮元件中，并将其分别命名为："地毯、沙发、书架、台灯、花盆、床头柜"，如图 8-10 所示。

④返回场景 1 中，将 07.png 拖拽到舞台中，此时将图层 1 改名为"室内"，如图 8-11 所示。

图 8-8 图 8-9

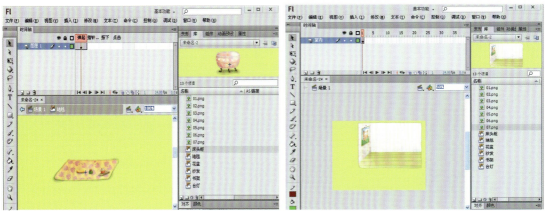

图 8-10 图 8-11

⑤选择文本工具，在文本"属性"面板中设置输入文字的参数，颜色为（#8590AE），如图 8-12 所示。

⑥在场景中新建一个图层 2，将其命名为"家具"。将图层 1 锁住，将家具按钮分别拖进来，在图的左边排列好，如图 8-13 所示。

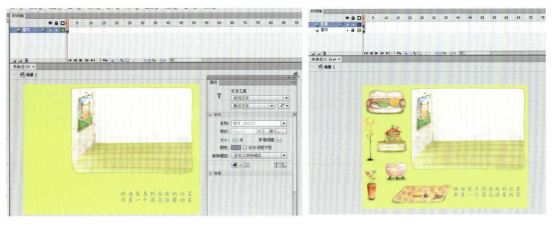

图 8-12 图 8-13

⑦解除图层 1 中的锁，锁住图层 2。用"椭圆工具"绘制无边框的椭圆色块。沙发下的填充色为乳白色（#F8FAE7），书架下的填充色为褐色（#FFA2D6），台灯下的填充色为浅褐色（#D96E09），床头柜下的填充色为绿色（#8AC44C），花盆下的填充色为粉色（#F38777），地毯下的填充色为紫色（#D09CFD），如图 8-14 所示。

⑧在场景中选中"地毯"实例。选择"窗口→动作"命令。弹出动作面板（快捷键 F9）。在面板的

左上角将脚本的语言版本设置为 **ActionScript 1.0 & 2.0**，在面板中单击"将新项目添加到脚本中"按钮 。在弹出的菜单中选择"全局函数—影片剪辑控制—on"命令。具体步骤如图 8-15 至图 8-20 所示。

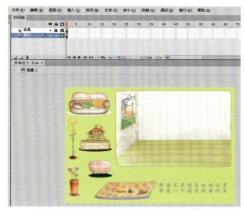

图 8-14

图 8-15

图 8-16

图 8-18

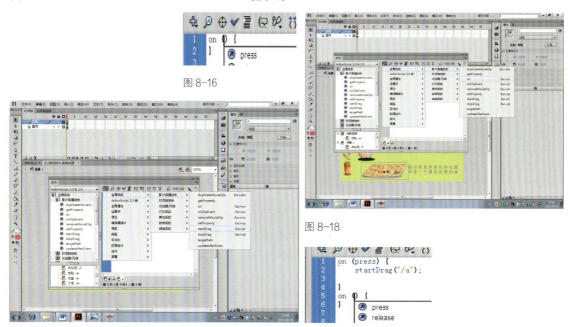

图 8-17

图 8-19

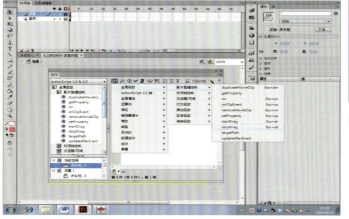

图 8-21

图 8-20

最后的动作命令如图 8-21 所示。

在场景中选中地毯的属性面板，将名称改为"a"，如图 8-22 所示。

⑨在场景中，选中"沙发"实例。重复步骤⑧。在场景中选中沙发的属性面板，将名称改为"b"。或者，复制图 8-21 中所示动作命令，在沙发的动作面板中直接粘贴，并将"a"改为"b"，在场景中选中沙发的属性面板，将名称改为"b"即可，如图 8-23 所示。

⑩同理，将"书架"改为"c"，"台灯"改为"d"，"花盆"改为"e"，"床头柜"改为"f"，分别如图 8-24 至图 8-27 所示。

⑪制作完成，测试影片。

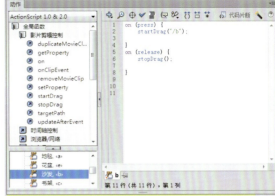

图 8-22   图 8-23

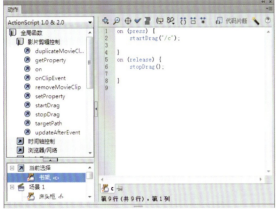

图 8-24

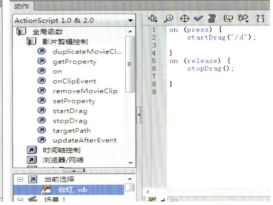

图 8-25

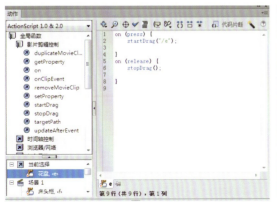

图8-26

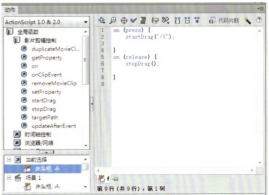

图8-27

交互式动画

本任务课时数：12 课时
由三个任务组成

1 知识点讲解

2 网站制作

3 制作中秋节网页

学习目标：
（1）掌握影片剪辑控制
（2）熟悉浏览器和网络控制命令
（3）掌握键盘控制
（4）掌握网页制作的方法。

知识点讲解

9.1.1 影片剪辑控制

要使用 Action Script 脚本去控制影片剪辑，必须先为每一个放在舞台上的影片剪辑命名，即实例名称。另外，在给影片剪辑实例命名时，通常可以加上后缀 _mc，这样可以在写代码时有代码提示，以方便代码的编写，如 boy_mc、circle_mc、point_mc 等。

1）影片剪辑元件的属性

（1）坐标

Flash 场景中的每个对象都有其坐标，坐标值以像素为单位。Flash 场景的左上角为坐标原点，其坐标位置为（0,0），前一个表示水平坐标，后一个表示垂直坐标。

（2）鼠标位置

利用影片剪辑元件的属性，不但可以获得坐标位置，还可以获得鼠标位置，即鼠标光标在影片中的坐标位置 _xmouse 和 _ymouse。

（3）旋转方向

_rotation 属性代表影片剪辑的旋转方向，它是一个角度值。

（4）可见性

_visible 属性即可见性，使用布尔值，为 true（1），或者为 false（0）。为 true 表示影片剪辑可见，即显示影片剪辑；为 false 表示影片剪辑不可见，即隐藏影片剪辑。

（5）透明度

_alpha（透明度）是区别于 _visible 的另一个属性，其决定了影片剪辑的透明度。

（6）缩放属性

影片剪辑的缩放属性包括横向缩放 _xscale 和纵向缩放 _yscale。为一个百分比，而与场景中影片剪辑实例的尺寸无关。

（7）尺寸属性

与 _xscale 和 _yscale 属性不同，_width 和 _height 代表影片剪辑的绝对宽度和高度，而不是相对比例。

2）setProperty（）和 getProperty（）函数

setProperty（）和 getProperty（）用于设置属性和取得属性。

setProperty（）命令用来设置影片剪辑的属性，使用形式为 setProperty（目标、属性、值），命令中有 3 个参数，如下所述。

①目标：即要控制（设置）属性的影片剪辑的实例名，包括影片剪辑的位置（路径）。

②属性：即要控制的何种属性。例如透明度、可见性、放大比例等。

③值：属性对应的值，包括数值、布尔值等。

getProperty（）命令用来获取影片剪辑元件的属性，使用形式为 getProperty（目标、属性）。命令中有两个参数，如下所述。

①目标：被取属性的影片实例名称。

②属性：要取得的影片剪辑属性。

3）绝对路径和相对路径

在 Flash 的场景中有个主时间轴，在场景里可以放置多个影片剪辑，每个影片剪辑又有其自己的时间轴，每个影片剪辑又可以由多个子影片剪辑。在一个 Flash 的影片中，会出现层层叠叠的影片剪辑。如果要对其中一个影片剪辑进行操作，就要明确影片剪辑的位置，即要说明影片剪辑的路径。

路径分为绝对路径和相对路径，它们的区别是到达目标对象的出发点不同。绝对路径是以当前主场景（即根时间轴）为出发点，以目标对象为结束点；而相对路径是从发出指令的对象所处的时间轴为出发点，以目标对象为结束点。

9.1.2　浏览器和网络控制命令

在"动作"面板中，单击动作工具箱中的"全局函数"，在展开的项目中单击"浏览器 / 网络"命令，就可以将"浏览器 / 网络"函数显示出来。

（1）fscommand 命令

控制 Flash 播放器的播放环境及播放效果。

命令的语法格式是：fscommand（命令，参数）。

（2）getURL 命令

语法格式：getURL（URL,Window,method）。

作用：为事件添加超级链接，包括电子邮件链接。

9.1.3　键盘控制

（1）Key 对象

Key 对象由 Flash 内置的一系列方法、常量和函数构成，使用 Key 对象可以检测某个键是否被按下。

（2）键盘侦听的方法

使用侦听器（listener）来侦听键盘上的按钮动作，可以使用"key_addListener（_root）;"命令来告诉计算机需要侦听某个事件。

（3）实现键盘响应

利用影片剪辑的 KeyUp 和 KeyDown 事件来实现键盘响应。

网站制作

9.2.1 案例效果

案例效果如图 9-1 所示。

图 9-1 案例效果图

9.2.2 设计思路

先完成各部分子页的制作，然后应用交互动作命令合成主页。

9.2.3 相关知识和技能点

交互命令的使用。

9.2.4 任务实施

1）制作"证书"子页

①新建 988 像素 ×600 像素的文档，保存影片文档为"证书.fla"，如图 9-2 所示。

②新建图层 1，将其命名为"背景"，将素材中"背景图片"导入舞台，如图 9-3 所示。

③新建影片剪辑元件"花"。将"花"素材导入舞台，在第 1 帧属性面板中将 Alpha 值设置成 0%，在

第 40 帧处插入关键帧，在属性面板中将 Alpha 值设置成 100%。并完成画面由小变大的遮罩层。在最后一帧处插入关键帧，动作设为 "stop（ ）;"，如图 9-4、图 9-5、图 9-6 所示。

图 9-2

图 9-3

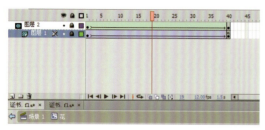

图 9-4

图 9-5　　　　　　图 9-6

④将 "花" 影片剪辑元件拖入 "证书" 场景的第 2 层中，并用任意变形工具旋转 180°，如图 9-7 所示。

⑤新建标题图层，在第 18 帧处插入关键帧，静态文本输入 "在校期间获得证书"，在第 40 帧处插入关键帧，创建传统补间动画，移动文字位置，如图 9-8、图 9-9 所示。

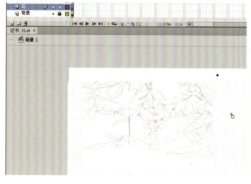

图 9-7

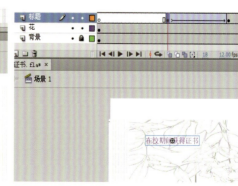

图 9-8

⑥新建"证1""证2""证3""证4"图层，分别将证书拖入相应图层的第1帧，在第15帧处分别插入关键帧，各层创建传统补间动画，移动各"证"的位置到合适处，如图9-10、图9-11所示。

⑦新建"AS"图层，在第55帧插入关键帧，动作设为"stop（ ）;"，如图9-12所示。

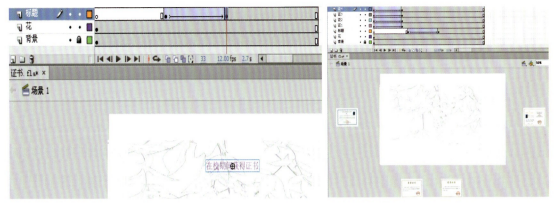

图9-9

图9-10

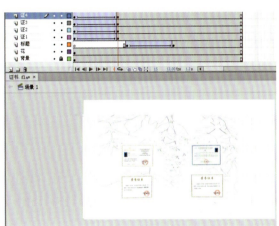

图9-11

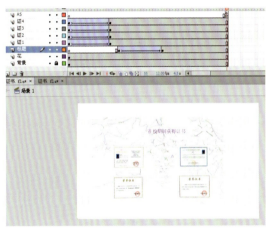

图9-12

2）制作"作品"子页

①新建988像素×600像素的文档，保存影片文档为"作品.fla"。将"作品背景""花""作品"导入库。

②新建"背景"图层，将"作品背景"拖拽到舞台，调整大小，如图9-13所示。

③新建"花"图层，将"花"拖拽到舞台，调整位置，如图9-14所示。

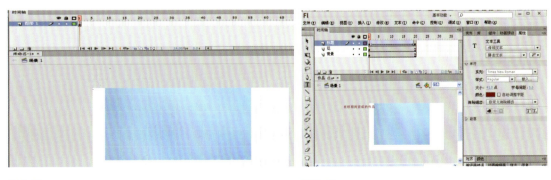

图9-13

图9-14

④新建"标题"图层，输入文字，并制作出从左到右效果，如图 9-15 所示。

⑤新建"作品"图层，在第 1、4、7、10、13、16 帧处分别放入作品 1~6。用辅助线和变形工具调整大小和位置，如图 9-16、图 9-17 所示。

⑥新建"AS"图层，在第 1 帧处插入空白关键帧，在第 34 帧处插入关键帧，输入动作"stop（）;"，如图 9-18 所示。

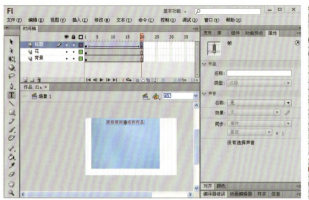

图 9-15

图 9-16

图 9-17

图 9-18

3）制作"自荐信"子页

①新建 988 像素 ×600 像素的文档，保存影片文档为"自荐信 .fla"。

②新建"背景"图层，将"自荐信背景"导入舞台并调整大小，如图 9-19 所示。

③新建"标题"图层，输入文字，并制作出从左到右效果，如图 9-20 所示。

图 9-19

图 9-20

④新建"信"图层，使用文本工具将自荐信内容复制到舞台，调整字体大小，格式，如图 9-21 所示。

⑤新建"AS"图层，在第 1 帧处插入空白关键帧，在第 34 帧处插入关键帧，输入动作"stop（）；"，如图 9-22 所示。

图 9-21   图 9-22

4）制作网站主页

①新建 988 像素 ×600 像素的文档，保存影片文档为"主页 .fla"。

②在背景图层上将作品背景导入舞台。

③新建"图片"图层，分别在第 1、10、18、26 帧处导入素材图片"bj1\bj2\bj3\bj4"，并在第 26 帧处输入动作"stop（）；"，如图 9-23 所示。

④新建"导航背景"图层，用矩形工具绘制一个渐变的矩形条，导入标志，并用文本工具书写"个""人""简""介"几个字，调整位置和大小，如图 9-24 所示。

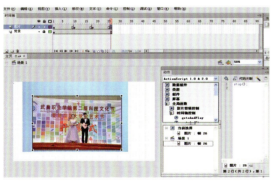

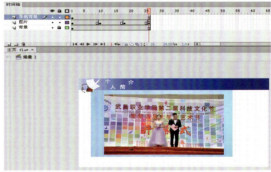

图 9-23   图9-24

⑤制作"自荐信""在校作品""证书"按钮元件，第一图层拖入元件1，并在第二图层写上相应的文字。元件 1 为白色半透明的由宽变窄的长条影片剪辑元件，如图 9-25、图 9-26、图 9-27 所示。

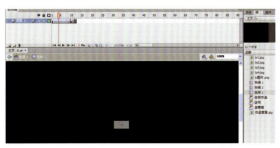

图 9-25   图9-26

⑥将按钮元件分别拖入舞台相应的位置，单击按钮并在上面分别设置"窗口—动作"命令。复制此命令用于其他两个按钮上，只变换名称即可，如图9-28、图9-29、图9-30所示。

⑦测试影片，发现到子页后无法回到主页，需在各个子页加返回按钮元件，设置动作返回主页的命令。保存源文件和发布新的影片，如图9-31、图9-32、图9-33所示。

⑧再次测试影片，成功。

图9-27

图9-28

图9-29

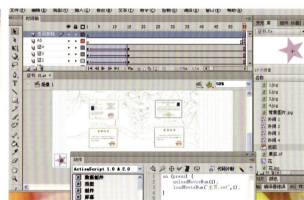

图9-31

```
on (press) {
    unloadMovieNum(1);
    loadMovieNum("证书.swf",1);
}
```

图9-30

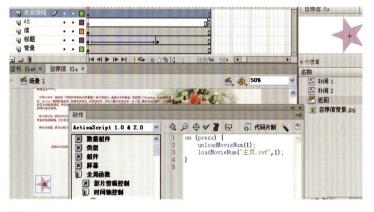

图9-32

```
on (press) {
    unloadMovieNum(1);
    loadMovieNum("主页.swf",1);
}
```

图9-33

制作中秋节网页

使用椭圆工具、柔化填充边缘命令、直接复制命令来完成效果的制作，如图9-34所示。

图9-34

1）导入图片

①选择"文件"→"新建"命令，在弹出的"新建文档"对话框中选择"Flash文件"选项，单击"确定"按钮，进入新建文档舞台窗口。按Ctrl+F3键，弹出文档"属性"面板，单击"大小"选项后面的按钮，在弹出的对话框中将舞台窗口的宽度设为650像素,高度设为400像素,将背景颜色设为淡灰色(#CCCCCC)，单击"确定"按钮。在文档"属性"面板中单击"设置"按钮，在弹出的"发布设置"对话框中将"版本"选项设为"Flash Player 7"，将"Action Script 版本"选项设为"Action Script 2"，如图9-35所示，单击"确定"按钮。

②将"图层1"重新命名为"底图"。选择"文件"→"导入"→"导入到舞台"命令，在弹出的"导入"对话框中选择"Ch03"→"素材"→"制作中秋节网页"→"底图"文件，单击"打开"按钮，文件被导入舞台窗口中。选择"选择"工具，选中图片，在位图"属性"面板中将"X"和"Y"选项分别设为0，将图片拖拽到舞台窗口的中心位置。

③单击"时间轴"面板下方的"插入图层"按钮，创建新图层并将其命名为"月饼"。用步骤2中相同的方法将"Ch03"→"素材"→"制作中秋节网页"→"月饼"文件导入舞台窗口中，效果如图9-36所示。

图9-35

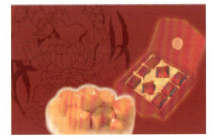

图9-36

④在"时间轴"面板中创建新图层并将其命名为"上部花边"。将"Ch03"→"素材"→"制作中秋节网页"→"上部花边"文件导入舞台窗口中，将其放置在舞台窗口的上方。在"时间轴"面板中创建新图层并将其命名为"黄底边"。将"Ch03"→"素材"→"制作中秋节网页"→"黄底边"文件导入舞台窗口中，将其拖拽到舞台窗口的下方，效果如图9-37所示。

2）制作月亮动画效果

①调出"库"面板，在"库"面板下方单击"新建元件"按钮，弹出"创建新元件"对话框，在"名称"选项的文本框中输入"月亮"，勾选"图形"选项，单击"确定"按钮，新建一个图形元件"月亮"，如图9-38所示，舞台窗口也随之转换为图形元件的舞台窗口。

图9-37　　　　　　　　　　　　　　　　　　　　　图9-38

②选择"椭圆"工具，在工具箱中将笔触颜色设为无，填充颜色设为黄色（#F7F071），按住Shift键，在舞台窗口中绘制一个圆形，效果如图9-39所示。选择"选择"工具，选中图形，在形状"属性"面板中，将"宽""高"选项分别设为"44"。选择"修改"→"形状"→"柔化填充边缘"命令，在弹出的对话框中将"距离"选项设为"38"，"步骤数"选项设为"38"，勾选"扩展"选项，单击"确定"按钮，效果如图9-40所示。

③在"库"面板中新建一个影片剪辑元件"月亮动"，舞台窗口也随之转换为影片剪辑元件的舞台窗口。将"库"面板中的图形元件"月亮"拖拽到舞台窗口中。选中舞台窗口中的元件实例月亮，在图形"属性"面板中将"X"和"Y"选项分别设为0，实例月亮的效果如图9-41所示。在"时间轴"面板中选中图层的第35帧，按F6键，在该帧插入关键帧。选中第35帧，再选中舞台窗口中的元件实例月亮，在图形"属性"面板中将"X"选项设为"-42"，"Y"选项设为"-196"。月亮实例被向上移动，效果如图9-42所示。

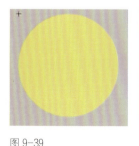
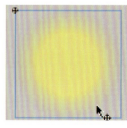

图9-39　　　　　　图9-40　　　　　　图9-41　　　　　　图9-42

④用鼠标右键单击第1帧，在弹出的菜单中选择"创建补间动画"命令，在第1帧和第35帧之间创建动作补间动画，如图9-43所示。

图9-43

⑤在"时间轴"面板中创建新图层。选中新图层的第35帧，按F6键，在该帧上插入关键帧。选择"窗口→动作"命令，弹出"动作"面板（其快捷键为F9）。在面板的左上方将脚本语言版本设置为"Action Script 1.0 & 2.0"，在面板中单击"将新项目添加到脚本中"按钮 ，在弹出的菜单中选择"全局函数"→"时间轴控制"→"stop"命令，如图9-44所示，在"脚本窗口"中显示出选择的脚本语言，如图9-45所示，设置好动作脚本后，关闭"动作"面板。在"动作脚本"图层的第35帧上显示出一个标记"a"，如图9-46所示。

图9-44

图9-45　图9-46

3）制作云动画效果

①在"库"面板中新建一个图形元件"云"，舞台窗口也随之转换为图形元件的舞台窗口。将"Ch03"→"制作中秋节网页"→"素材"→"云"文件导入舞台窗口中，效果如图9-47所示。在"库"面板中新建一个影片剪辑元件"云动"，舞台窗口也随之转换为影片剪辑元件的舞台窗口。

②将"图层1"重新命名为"云1"。将"库"面板中的图形元件"云"拖拽到舞台窗口中，选中云实例，在图形"属性"面板中将"X"选项设为"220"，"Y"选项设为"-12"，设置云实例在舞台窗口中的位置。选中图层的第115帧，按F6键，在该帧上插入关键帧。选中第115帧，选中舞台窗口中的云实例，在图形"属性"面板中将"X"选项设为"-740"，"Y"选项设为"-12"，将云实例向左移动。用鼠标右键单击图层的第1帧，在弹出的菜单中选择"创建补间动画"命令，创建补间动画，如图9-48所示。

图9-47　　图9-48

③在"时间轴"面板中创建新图层并将其命名为"云2"。再次将"库"面板中的图形元件"云"

拖拽到舞台窗口中，按"Ctrl+T"键，弹出"变形"面板，勾选"约束"复选框，将"宽度"选项设为"63"，"高度"选项也随之转换为"63"，如图9-49所示。云实例缩小，效果如图9-50所示。选中云实例，在图形"属性"面板中将"X"选项设为"380"，"Y"选项设为"42"，设置云实例在舞台窗口中的位置，效果如图9-51所示。

图9-49

④选中"云2"图层的第115帧，按F6键，在该帧上插入关键帧。选中第115帧，选中舞台窗口中的云实例，在图形"属性"面板中将"X"选项设为"-600"，"Y"选项设为"42"，将云实例向左移动，效果如图9-52所示。用鼠标右键单击"云2"图层的第1帧，在弹出的菜单中选择"创建补间动画"命令，在第1帧到第115帧创建补间动画。

⑤在"时间轴"面板中创建新图层并将其命名为"云3"。选中"云3"图层的第12帧，按F6键，在该帧上插入关键帧。再次将"库"面板中的图形元件"云"拖拽至舞台窗口中，在"变形"面板中勾选"约束"选项，将"宽度"选项设为"45"，"高度"选项也随之转换为"45"，云实例缩小。选中云实例，在图形"属性"面板中将"X"选项设为"524"，"Y"选项设为"-9"，设置云实例在舞台窗口中的位置，效果如图9-53所示。

⑥选中"云3"图层的第115帧，按F6键，在该帧上插入关键帧。选中第115帧，选中舞台窗口中的云实例，在图形"属性"面板中将"X"选项设为"-550"，"Y"选项设为"-9"，将云实例向左移动，效果如图9-54所示。用鼠标右键单击"云3"图层的第12帧，在弹出的菜单中选择"创建补间动画"命令，在第12帧到第115帧之间创建补间动画，如图9-55所示。

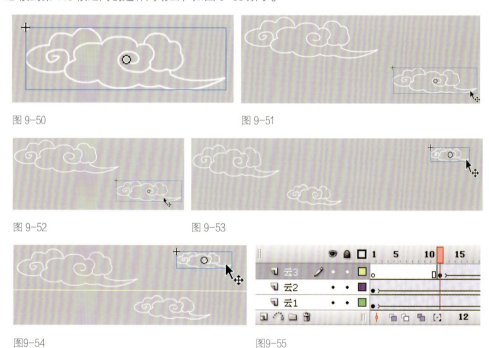

图9-50　　　　　　　　　　　　图9-51

图9-52　　　　　　　　　　　　图9-53

图9-54　　　　　　　　　　　　图9-55

4）制作按钮

①在"库"面板中新建一个图形元件"按钮花纹"，舞台窗口也随之转换为图形元件的舞台窗口。将"Ch03"→"制作中秋节网页"→"素材"→"按钮花纹"文件导入舞台窗口中，效果如图9-56所示。

②在"库"面板中新建一个影片剪辑元件"按钮动"，舞台窗口也随之转换为影片剪辑元件的舞台窗口。将"库"面板中的图形元件"按钮花纹"拖拽到舞台窗口中。在"时间轴"面板中选中"图层1"的第8帧和第17帧，按F6键，在选中的帧上插入关键帧。选中第8帧，在"变形"面板中将"宽度"选项设为"1.5"，

取消"约束"复选框的勾选，其他选项为默认值，舞台窗口中按钮花纹实例的效果如图9-57所示。

③用鼠标右键分别单击图层的第1帧和第8帧，在弹出的菜单中选择"创建补间动画"命令，创建动作补间动画，如图9-58所示。

图9-56　　　　　　图9-57　　　　图9-58

④新建一个按钮元件"按钮1"，舞台窗口也随之转换为按钮元件的舞台窗口。将"图层1"重新命名为"圆形"。选择"椭圆"工具，在工具箱中将笔触颜色设为橘黄色（#FF9900），"笔触高度"选项设为"2"，填充色设为黄色（#FFCC00），在按住Shift键的同时，在舞台窗口中绘制一个圆形。选择"选择"工具，选中圆形，在形状"属性"面板中将"宽"和"高"选项分别设为"41"。选中"指针经过"帧，按F5键，在该帧上插入普通帧，如图9-59所示。

⑤单击"时间轴"面板下方的"插入图层"按钮，创建新图层并将其命名为"按钮花纹"。选中"指针经过"帧，按F6键，在该帧上插入关键帧。选中"按钮花纹"图层的"弹起"帧，将"库"面板中的图形元件"按钮花纹"拖拽到舞台窗口中，放置在圆形的中心位置，效果如图9-60所示。选中"按钮花纹"图层的"指针经过"帧，将"库"面板中的影片剪辑元件"按钮动"拖拽到舞台窗口中，放置在圆形的中心位置，效果如图9-61所示。

图9-59　　　　　　　　　　　　图9-60　　　　　图9-61

⑥单击"时间轴"面板下方的"插入图层"按钮，创建新图层并将其命名为"文字"。选中"文字"图层的"指针经过"帧，按F6键，在该帧上插入关键帧，如图9-62所示。

⑦选中"指针经过"帧，选择"文本"工具，在文本工具"属性"面板中将"字体大小"设为"10"，"字体"设为"方正粗倩简体"。在舞台窗口中输入需要的白色文字，效果如图9-63所示。用鼠标右键单击"库"面板中的按钮元件"按钮1"，在弹出的菜单中选择"直接复制"命令，弹出"直接复制元件"对话框，在"名称"选项的文本框中重新输入"按钮2"，单击"确定"按钮，在"库"面板中复制出新的按钮元件"按钮2"，如图9-64所示。

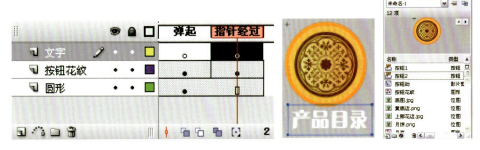

图9-62　　　　　　　　　　　图9-63　　　　　图9-64

⑧双击"库"面板中的按钮元件"按钮2",进入"按钮2"元件的舞台窗口中。选中"文字"图层的"指针经过"帧,选中舞台窗口中的文字,将文字更改为"产品目录",效果如图9-65所示。用相同的方法复制按钮元件"按钮3",将"按钮3"中的文字更改为"会员注册",效果如图9-66所示。复制按钮元件"按钮4",将"按钮4"中的文字更改为"联系我们",效果如图9-67所示。

图9-65   图9-66   图9-67

5)组合实例

①单击"时间轴"面板下方的"场景1"图标 场景1,进入"场景1"的舞台窗口。在"时间轴"面板中创建新图层并将其命名为"月亮"。选择"选择"工具 ,将"库"面板中的影片剪辑元件"月亮动"拖拽到舞台窗口中,放置在月饼图片的下方,效果如图9-68所示。在"时间轴"面板中将"月亮"图层移动到"月饼"图层的下方。单击"时间轴"面板下方的"插入图层"按钮 ,在"月亮"图层的上方创建新图层并将其命名为"云动",如图9-69所示。

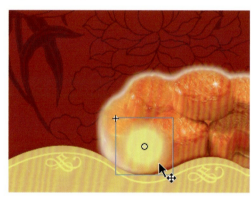 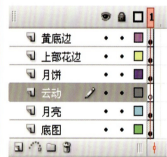

图9-68   图9-69

②将"库"面板中的影片剪辑元件"云动"拖拽到舞台窗口中,放置在底图的右侧,效果如图9-70所示。单击"时间轴"面板中选中最上方的图层,单击下方的"插入图层"按钮 ,创建新图层并将其命名为"按钮"。将"库"面板中的按钮元件"按钮1""按钮2""按钮3""按钮4"拖拽到舞台窗口中,放置在底图的右上方,效果如图9-71所示。

 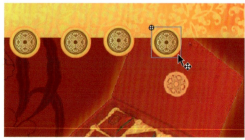

图9-70   图9-71

③在舞台窗口中，在按住 Shift 键的同时，选中 4 个按钮实例，调出"对齐"面板，单击"垂直中齐"按钮 ⬚ 和"水平居中分布"按钮 ⬚，将 4 个实例进行对齐，效果如图 9-72 所示。单击"时间轴"面板下方的"插入图层"按钮 ⬚，创建新图层并将其命名为"文字"，如图 9-73 所示。

④将"库"面板中的图形元件"按钮花纹"拖拽到舞台窗口中的左上方，选中元件实例，在"变形"面板中分别将"宽度"和"高度"选项设为"130"，将实例扩大，效果如图 9-74 所示。选择"文本"工具 T，在文本工具"属性"面板中将字体大小设为"23"，字体设为"方正粗倩简体"，填充色设为褐色（#8A4500），并在舞台窗口中输入需要的文字，效果如图 9-75 所示。

⑤在文本工具"属性"面板中将字体大小设为"13"，字体设为"Clarendon Condensed"，文本填充颜色设为褐色（#8A4500），在舞台窗口中输入需要的文字，效果如图 9-76 所示。用相同的方法再次在舞台窗口的左下方输入需要的文字，效果如图 9-77 所示。

⑥中秋食品网页制作完成，效果如图 9-78 所示，按 Ctrl+Enter 键即可查看效果。

图 9-72

图 9-73

图 9-74

图 9-75

图 9-76

图 9-77

图 9-78

组件与行为

本任务课时数：12 课时
由三个任务组成

1　知识点讲解

2　课件制作

3　调查问卷

学习目标：

（1）了解组件概念

（2）认识用户界面组件

（3）掌握修改组件样式的方法

（4）掌握课件制作、调查问卷制作的方法。

知识点讲解

10.1.1 组件概述

在 Flash CS6 中，系统预先设定了组件、行为功能来协助用户制作动画。下面将具体讲解组件与行为的使用方法。

组件是一些复杂的带有可定义参数的影片剪辑符号。一个组件就是一段影片剪辑，其所带的参数由用户在创建 Flash 影片时进行设置，其中的动作脚本 API 供用户在运行时自定义组件。组件旨在让开发人员重用和共享代码，封装复杂功能，让用户在没有"动作脚本"时也能使用和自定义这些功能。

1）设置组件

执行菜单中的"窗口|组件"命令，调出"组件"面板，如图 10-1 所示。Flash CS5 的"组件"面板中包含"Media""User Interface"和"Video"3 类组件。其中，"Media"组件用于创建媒体组件；"User Interface"组件用于创建界面；"Video"组件用于控制视频播放。

用户可以在"组件"面板中选中要使用的组件，如图 10-2 所示，然后将其直接拖到舞台中。接着在舞台中选中组件，如图 10-3 所示，在图 10-4 所示的"属性"面板中可以对其参数进行相应的设置。

图 10-1 "组件"面板

图 10-2 选择要使用的组件

图 10-3 选择舞台的组件

图 10-4 属性"面板

2）组件的分类与应用

下面主要介绍几种典型组件的参数设置与应用。

（1）Button 组件

Button 组件为一个按钮，如图 10-5 所示。使用按钮可以实现表单提交以及执行某些相关的行为动作。在舞台中添加 Button 组件后，可以通过"属性"面板设置 Button 组件的相关参数，如图 10-6 所示。该面板的主要参数含义如下所述。

图 10-5 Button 组件

① label：用于设置按钮上文本的值。

② labelPlacement：用于设置按钮上的文本在按钮图标内的方向。该参数可以是 left、right、top 或 bottom 4 个值之一，默认为 right。

③ selected：该参数指定按钮是处于按下状态（true）还是释放状态（false），默认值为 false。

④ toggle：将按钮转变为切换开关。如果值为 true，则按钮在单击后保持按下状态，并在再次单击时返回到弹起状态。如果值为 false，则按钮行为与一般按钮相同，默认值为 false。

（2）CheckBox 组件

CheckBox 组件为多选按钮组件，如图 10-7 所示。使用该组件可以在一组多选按钮中选择多个选项。在舞台中添加 CheckBox 组件后，可以通过"属性"面板设置 CheckBox 组件的相关参数，如图 10-8 所示，该面板的参数含义如下所示。

图 10-7　CheckBox 组件

图 10-6　Button 组件的"属性"面板

图 10-8　CheckBox 组件的"属性"面板

① label：用于设置多选按钮右侧文本的值。

② labelPlacement：用于设置按钮上的文本在按钮图标内的方向。该参数可以是下列 left、right、top 或 bottom 4 个值之一，默认为 right。

③ selected：用于设置多选按钮的初始值为被选中或取消选中。被选中的多选按钮会显示一个对勾，其参数值为 true。如果将其参数值设置 false 表示会取消选择多选按钮。

（3）ComboBox 组件

ComboBox 组件为下拉列表的形式，如图 10-9 所示。用户可以在弹出的下拉列表中选择其中一项。在舞台中添加 ComboBox 组件后，可以通过"属性"面板设置 ComboBox 组件的相关参数，如图 10-10 所示，该面板的主要参数含义如下所述。

① dataProvider：用于设置下拉列表当中显示的内容，以及传送的数据。

② editable：用于设置下拉菜单中显示的内容是否为编辑的状态。

③ prompt：用于设置对 ComboBox 组件开始显示时的初始内容。

④ rowCount：用于设置下拉列表中可显示的最大行数。

（4）RadioButton 组件

RadioButton 组件为单选按钮组件，可以供用户从一组单选按钮选项中选择一个选项，如图 10-11 所示。在舞台中添加 RadioButton 组件后，可以通过"属性"面板设置 RadioButton 组件的相关参数，如图 10-12 所示，该面板的主要参数含义如下所述。

图10-9　ComboBox组件

图10-11　RadioButton组件

图 10-10　ComboBox 组件的"属性"面板

图10-12　RadioButton组件的"属性"面板

① groupName：单击按钮的组名称，一组单选按钮有一个统一的名称。

② label：用于设置单选按钮上的文本内容。

③ labelPlacement：用于确定按钮上标签文本的方向。该参数可以是 left、right、top 或 bottom 4 个值之一，其默认值为 right。

④ selected：用于设置单选按钮的初始值为被选中或取消选中。被选中的单选按钮中会显示一个圆点，其参数值为 true，一个组内只有一个单选按钮可以有被选中的值 true。如果将其参数值设置为 false，表示取消选择单选按钮。

（5）ScrollPane 组件

ScrollPane 组件用于设置一个可滚动的区域来显示 JPEG、GIF 与 PNG 文件以及 SWF 文件，如图 10-13 所示。在舞台中添加 ScrollPane 组件后，可以通过"属性"面板设置 ScrollPane 组件的相关参数，如图 10-14 所示，该面板的主要参数含义如下所述。

图 10-13　ScrollPane 组件

图 10-14　ScrollPane 组件的"属性"面板

① horizontalLineScrollSize：当显示水平滚动条时，单击水平方向上的滚动条水平移动的数量。其单位为像素，默认值为 4。

② horizontalPageScrollSize：用于设置按滚动条时水平滚动条上滚动滑块要移动的像素数。即当该值为 0 时，该属性检索组件的可用宽度。

③ horizontalScrollPolicy：用于设置水平滚动条是否始终打开。

④ scrollDrag：用于设置当用户在滚动窗格中拖动内容时，是否发生滚动。

⑤ source：用于设置滚动区域内的图像文件或 SWF 文件。

⑥ verticalLineScrollSize：当显示垂直滚动条时，单击滚动箭头要在垂直方向上滚动多少像素。其

单位为像素，默认值为 4。

⑦ verticalPageScrollSize：用于设置按滚动条时垂直滚动条上滚动滑块要移动的像素数。当该值为 0 时，该属性检索组件的可用高度。

⑧ verticalScrollPolicy：用于设置垂直滚动条是否始终打开。

10.1.2　用户界面组件

用户界面组件：Flash CS6 的组件类型中，用户界面组件用于设置用户界面，并实现大部分的交互式操作，因此在制作交互式动画方面，用户界面组件应用最广，也是最常用的组件类别之一，如图 10-15 所示。

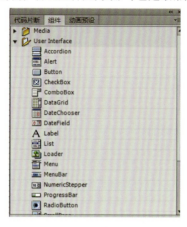

图 10-15　用户界面组件

10.1.3　修改组件样式的方法

用户除了可以使用组件应用自定义的动作脚本外，还可以利用行为来控制文档中的影片剪辑和图形实例。行为是程序员预先编写好的动作脚本，用户可以根据自身需要灵活运用这些脚本代码。

执行菜单中的"窗口 | 行为"命令，调出"行为"面板，如图 10-16 所示。

① 添加行为：单击该按钮，可弹出如图 10-17 所示的下拉菜单，可从中选择所要添加的具体行为。

② 删除行为：单击该按钮，可以将选中的行为删除。

③ 上移：单击该按钮，可以将选中的行为位置向上移动。

④ 下移：单击该按钮，可以将选中的行为位置向下移动。

下面主要介绍几种典型行为的应用。

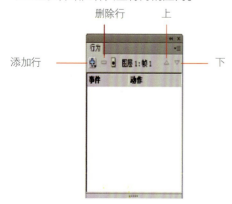

图 10-16　"行为"面板

图 10-17　"添加行为"下拉菜单

（1）"Web"行为

使用"Web"行为可以实现使用 GetURL 语句跳转到其他 Web 页。在"行为"面板中单击添加行为 🞢 按钮，在弹出的下拉菜单中选择"Web"，则会弹出 Web 的行为菜单，如图 10-18 所示。选择"转到 Web 页"命令后会弹出"转到 URL"对话框，如图 10-19 所示。

图 10-18　"转到 URL"对话框　　　　图 10-19　"转到 URL"对话框

①URL：用于设置跳转的 Web 页的 URL。

②打开方式：用于设置打开页面的目标窗口，其下拉列表有"_blank""_parent""_self"和"_top"4 个选项可供选择。如果选择"_blank"，则会将链接的文件载入一个未命名的新浏览器窗口中；如果选择"_parent"，则会将链接的文件载入含有该链接框架的父框架集或父窗口中，此时如果含有该链接的框架不是嵌套的，则在浏览器全屏窗口中载入链接的文件；如果选择"_self"，则会将链接的文件载入该链接所在的同一框架或窗口中，该选项为默认值，因此通常不需要指定它；如果选择"_top"，则会在整个浏览器窗口中载入所链接的文件，因而会删除所有框架。

（2）"声音"行为

控制声音的行为比较容易理解。利用它们可以实现播放、停止声音以及加载外部声音、从"库"面板中加载声音等功能。

单击"行为"面板中的（添加行为）🞢 按钮，在弹出的下拉菜单中选择"声音"，此时会弹出声音的行为菜单。

①从库加载声音：从"库"面板中载入声音文件。

②停止声音：停止播放声音。

③停止所有声音：停止所有播放声音。

④加载 MP3 流文件：以流的方式载入 MP3 声音文件。

⑤播放声音：播放声音文件。

（3）"影片剪辑"行为

在"行为"面板中，有一类行为是专门用来控制影片剪辑元件的。这类行为种类比较多，利用它们可以改变影片剪辑元件叠放层次以及加载、卸载、播放、停止、复制或拖动影片剪辑等功能。

单击"行为"面板中的添加行为 🞢 按钮，在弹出的下拉菜单中选择"影片剪辑"，此时会弹出影片剪辑的行为菜单，如图 10-20 所示。

①加载图像：将外部 JPG 文件加载到影片剪辑或屏幕中。

②加载外部影片剪辑：将外部 SWF 文件加载到目前影片剪辑或屏幕中。

③转到帧或标签并在该处停止：停止影片剪辑，并根据需要将播放头移到某个特定帧。

④转到帧或标签并在该处播放：从特定帧播放影片剪辑。

图 10-20　影片剪辑行为

10.2

课件制作

10.2.1 案例效果

　　用按钮元件控制动画的播放，当鼠标指向动物时，右上角显示动物的名称。制作宝宝识图的课件，效果如图 10-21、图 10-22 所示。

图 10-21　案例效果

图 10-22

10.2.2　设计思路

用按钮元件控制动画的播放，使用"动作"面板设置脚本语言，当鼠标指上动物时右上角则显示动物的名称。

10.2.3　相关知识和技能点

动作行为面板的使用；按钮元件的使用；矩形工具及文本工具的使用。

10.2.4　任务实施

①新建 550 像素 ×400 像素的文档，将所有的素材导入库。将"背景"图片和"开始页"拖入舞台中。
②在库面板中，新建按钮元件，分别制作各个动物和骨头按钮元件，如图 10-23 至图 10-26 所示。
③返回场景，在图层 1 中，将"背景"拖拽到场景中。

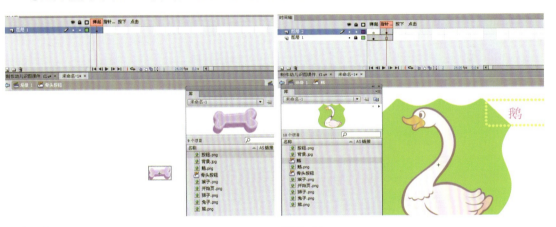

图 10-23　　　　　　　　　　　　　　图 10-24

图 10-25　　　　　　　　　　　　　　图 10-26

④新建图层2，将"开始页"拖拽到场景中，在第2帧处插入空白关键帧，如图10-27所示。

⑤新建图层3，在第2帧处逐帧插入关键帧，开始分别拖入动物图片按钮，如图10-28、图10-29所示。

⑥新建"骨头按钮"图层，将骨头按钮元件拖入舞台上，在后面每一帧处插入关键帧，如图10-30所示。

图 10-27

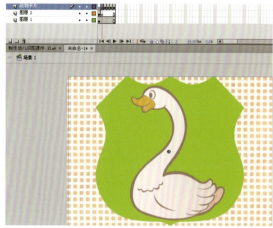

图 10-28

图 10-29

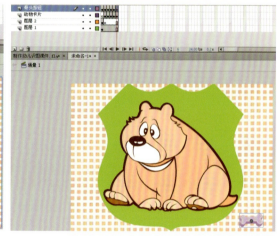

图 10-30

右键单击骨头按钮，打开动作面板，在每个骨头按钮上设置动作，如图10-31至图10-33所示。

图 10-31　在第1帧处设置动作

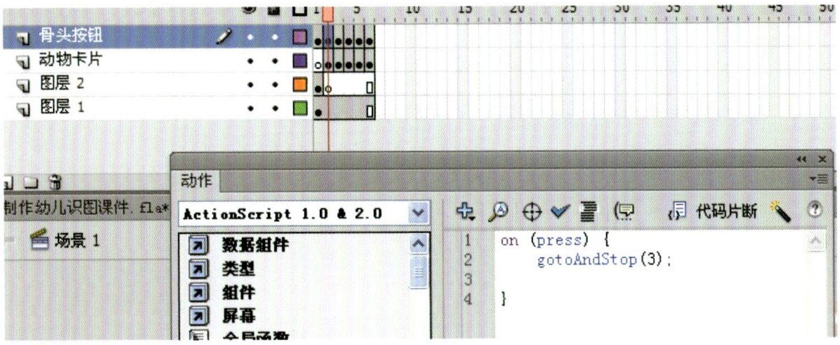

图 10-32　在第 2 帧处设置动作

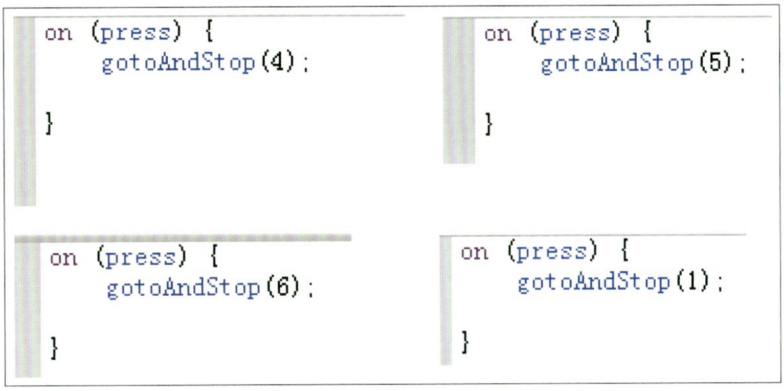

图 10-33　分别在第 3、第 4、第 5、第 6 帧处设置动作

⑦新建一个动作脚本的图层，每一个帧上都插入关键帧，右键单击时间轴上每一帧，分别加动作命令。

stop（）；

⑧任务完成，测试影片。

10.3 调查问卷

10.3.1 案例效果

制作一份关于美食的调查问卷,直接用组件面板中的交互组件进行制作,以节约大量的时间,最终效果如图10-34所示。

图10-34 最终效果图

10.3.2 设计思路

完成本项目需要使用文本工具添加文本,添加并设置TextInput、TextArea、RadioButton、CheckBox、Button组件以及添加脚本代码3大步骤。

10.3.3 相关知识和技能点

TextInput、TextArea、RadioButton、CheckBox、Button组件以及添加脚本代码的使用。

10.3.4 任务实施

①打开素材10.3制作调查问卷文档,将素材1导入舞台,调整位置,如图10-35所示。

②新建图层,重命名"组件",如图10-36所示。

③在"窗口—组件"中打开"组件"面板,双击

图10-35

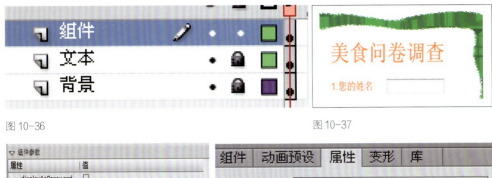

User Interface ，在其中单击 TextInput 组件不放，并将其拖拽到舞台，打开其属性面板中展开的"组件参数"栏，设置如图 10-37、图 10-38 所示，并将该组件的实例名称改为"mz"，如图 10-39 所示。

图 10-36   图 10-37

图 10-38   图 10-39

④在组件面板中双击 User Interface ，在其中单击 TextArea 组件不放，并将其拖拽到舞台，在属性面板中将其实例名称改为"xd"，组件参数设置如图 10-40 所示。

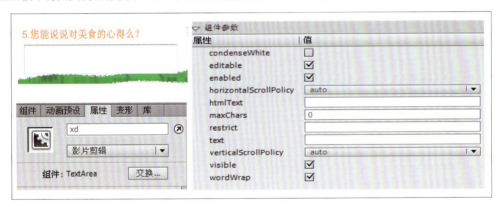

图 10-40

注意：

TextInput 只用于显示获取交互动画中的单行文本字段， TextArea 用于在交互动画中显示或获取多行文本字段的任何地方。

⑤在组件面板中双击 User Interface ，在其中单击 RadioButton 组件不放，并将其拖拽到舞台，在属性面板中将其实例名称改为"man"。组件参数设置如图 10-41 所示。

图 10-41

141

用同样的方法进行如图 10-42 所示参数设置。

组件参数设置如图 10-43 所示。

最终效果如图 10-44 所示。

图 10-42   图 10-43

⑥在组件面板中双击 User Interface ，在其中单击 CheckBox 组件不放，并将其拖拽到舞台，在属性面板中将其实例名称改为"a1"。组件参数设置 label 火锅 如图 10-45 所示。

再以同样的方法创建两个 CheckBox 组件，实例名 a2、a3，文本参数为 label 汤锅 和 label 炒菜 ，最终效果如图 10-46 所示。

图 10-44   最终效果图

3.您喜欢的美食有哪些?

☐ 火锅   ☐ 汤锅   ☐ 炒菜

图 10-46   最终效果图

图 10-45

⑦在组件面板中双击 User Interface ，在其中单击 RadioButton 组件不放，并将其拖拽到舞台，在属性面板中将其实例名称改为"b1"，组件参数设置如图 10-47 所示。

图 10-47

按住 Alt 键不放，在舞台中单击川菜组件进行复制，做成湘菜、粤菜选项，参数设置如图 10-48 所示。

最终效果如图 10-49 所示。

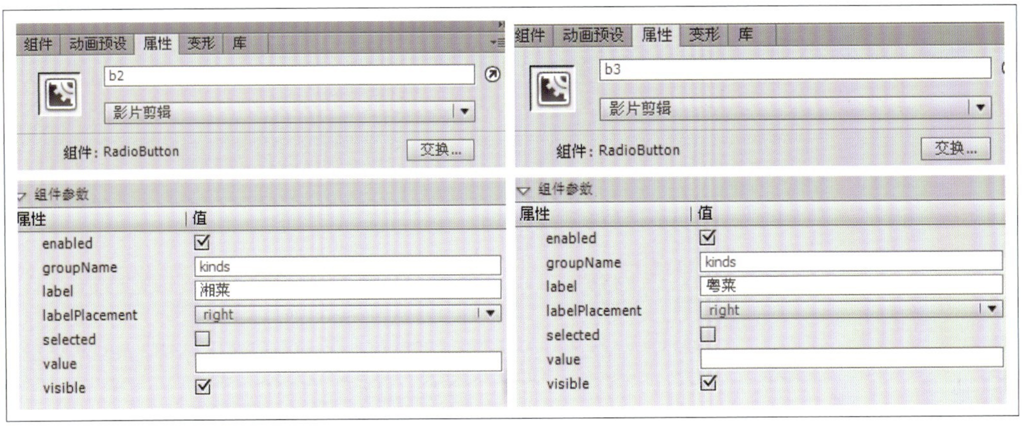

图 10-48

⑧在组件面板中双击 User Interface ，在其中单击 Button 组件不放，并将其拖拽到舞台，在属性面板中将其实例名称改为"tj"，组件参数设置如图 10-50 所示。

最终效果如图 10-51 所示。

4.若要选一种最喜欢的，您会选择？

○ 川菜　　○ 湘菜　　○ 粤菜

图 10-49　最终效果图

图 10-50　组件参数设置

图 10-51

⑨选择"背景"图层的第 2 帧，插入关键帧，选择"文本"和"组件"，图层的第 2 帧分别插入空白关键帧。在组件的第 2 帧将 Button 组件拖入舞台，参数设置如图 10-52 所示。

在文本图层的第 2 帧选择文本工具，在属性面板中将其更改为"传统文本"，类型为"输入文本"，在舞台中绘制文本区域，如图 10-53 所示。

⑩新建"actions"图层，在第1帧插入空白关键帧，打开动作面板，输入如图10-54所示动作脚本。
在"actions"图层，并在第2帧处插入空白关键帧，打开动作面板，输入如图10-55所示动作脚本。
⑪Ctrl+Enter快捷键测试影片，完成后保存即可。

图10-52

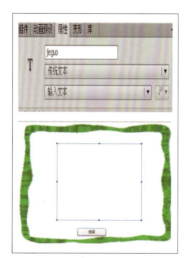

图10-53

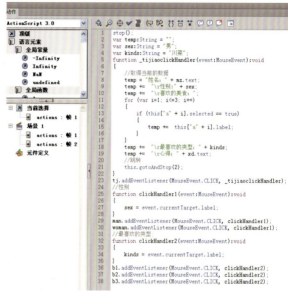

图10-54

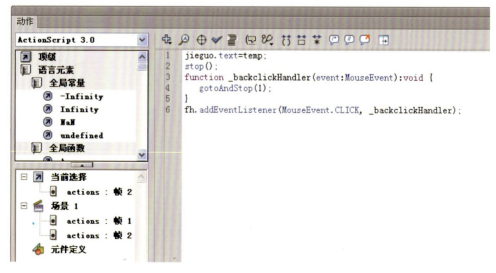

图10-55